肥料经济学与科学使用

FEILIAO JINGJIXUE YU KEXUE SHIYONG

主编 王雅君 纪凤辉 陈晓爽

内蒙古科学技术出版社

图书在版编目（CIP）数据

肥料经济学与科学使用/王雅君，纪凤辉，陈晓爽
主编. —赤峰：内蒙古科学技术出版社，2016. 12
（2020.2重印）
ISBN 978-7-5380-2769-3

Ⅰ.①肥… Ⅱ.①王… ②纪… ③陈… Ⅲ.①合理施
肥 Ⅳ.①S147.21

中国版本图书馆CIP数据核字（2016）第323002号

肥料经济学与科学使用

主　　编：王雅君　纪凤辉　陈晓爽
责任编辑：季文波
封面设计：李树奎
出版发行：内蒙古科学技术出版社
地　　址：赤峰市红山区哈达街南一段4号
网　　址：www.nm-kj.cn
邮购电话：0476-5888903
排版制作：赤峰市阿金奈图文制作有限责任公司
印　　刷：天津兴湘印务有限公司
字　　数：160千
开　　本：787mm×1092mm　1/16
印　　张：7.75
版　　次：2016年12月第1版
印　　次：2020年2月第2次印刷
书　　号：ISBN 978-7-5380-2769-3
定　　价：48.00元

编委会

前　言

　　肥料是作物的粮食,科学合理施用肥料是农业生产活动中最重要的内容之一。随着现代农业的发展,肥料在农业增产和农民增收中的作用越来越大,国内外经验证明,在作物增产的各项措施中施肥所起的作用占40%~60%。我国农业从20世纪70年代后,化肥使用量迅速增加,促进了粮食产量的增加,在解决我国人民温饱问题上起到了重要作用,目前我国已经成为世界化肥生产与消费的第一大国。肥料的使用对促进现代农业的发展起着不可替代的作用。但是,目前我国肥料的当季利用率低,这不仅造成了经济和资源的巨大浪费,还带来了巨大的环境风险,致使生态环境安全问题成了影响当前及长远农业生产、农产品安全与人类健康的重大问题。因此,如何兼顾肥料使用的经济效益、生态效益和社会效益,建立高产、稳产、优质、低耗、省工、无污染的肥料高效施用技术体系,应是当前农业生产中亟待解决的主要问题。

　　采用经济学的方法分析肥料施用的问题,就是通过满足作物所有必需营养元素需要,来获得满意的产量和利润,以保持土壤肥力。在当前种植业直接投入中,农民大约要花费一半甚至更多的直接成本用于购买肥料,因此用好肥料也是高效利用资源和节约种田成本的重要措施。基于我国肥料行业的现状及存在的问题,编撰了简明易懂的《肥料经济学与科学使用》一书,从肥料的基础知识、营养吸收原理、肥料使用、肥料标准和肥料登记管理等方面阐述科学、合理施肥的问题及假冒伪劣化肥简易识别的问题,供农业工作者参考。

　　本书较系统全面地介绍了肥料的基础知识、肥料的质量标准、科学合理使用肥料的技术,重点介绍了常用肥料质量的鉴别方法和技术,具有系统性、知识性、实用性和科学性。对农业科技人员和广大农业种植户正确选购和使用肥料,对农资经营单位严把进货质量具有指导意义。

　　本书在编写过程中参考引用了许多文献资料,在此谨向其原作者深表谢意。由于我们水平有限,书中难免出现不妥之处,敬请同行批评指正。

编者

2016年10月

目 录

第一章　市场经济下肥料使用的经济学

肥料经济学就是采用经济学的方法分析肥料使用的问题。在经济学中，要考虑经济活动中各个主体（个人、企业、政府）参与经济活动的动机和其所各自关心的成本、收益和利润。肥料经济学是最高产量研究和最佳经济产量研究的重要组成部分。在所有农业投入中，肥料占据最大的份额。为了使投入资金和劳力的农牧民获得满意的产量和利润，就必须给作物供应充足的必需营养元素，肥料既是满足作物产量和利润所有必需营养元素的供给来源，也是维持土壤肥力所必需的。一般来说，个人和企业更多关心的是以金钱来衡量的有形成本，而政府则除了有形成本外，还会关心无形成本（环境、健康、道德水准等）。无形成本的代价往往高于有形成本，但在短期内又难以被人察觉，从长远看，它对社会收益的影响十分巨大。收益也包括有形和无形两种。收益减去成本就是利润。

在农作物的生产中，肥料通常是一项主要的可变成本，经常占可变成本的40%～60%。合理的肥料投入是农民在其耕地上实现收入和利润的保证。通过施肥所获取较高的作物产量，可以减少每斤或每公斤作物的生产成本，即增加了单位重量作物的利润。因此，肥料对于获得每亩最大收入或在作物产品下降时最大限度地减少损失所起的作用较大。

任何一种养分投入都要遵循报酬递减率的原理。早在18世纪后期，欧洲经济学家杜尔哥（A R J Turgot）和安德森（I Anderson）同时提出了报酬递减律这一经济规律。目前对该定律的一般描述是：从一定土地上所得到的报酬随着向该土地投入的劳动和资本量的增大而有所增加，但随着投入的单位劳动和资本量的增加，到"拐点"时，投入量再增加，则肥料的报酬却在逐渐减少。

这一定律的诞生对工业、农业及其他行业都具有普遍的指导意义，最先引入到农业上的是德国土壤化学家米切利希（Mirscher11ch）等人。在20世纪初，在前人工作的基础上，通过燕麦施用磷肥的砂培试验，深入研究了施肥量与产量之间的关系，从而发现随着施肥剂量的增加，所获得的增产量具递减的趋势，得出了与报酬递减律相吻合的结论。

米切利希的试验证明：在其他技术相对稳定的前提下，随着施磷量的逐渐增加，燕麦的干物质量也随之增加，但干物质的增产量却随施磷量的增加而呈递减趋势，这与报酬递减律相一致。如果一切条件都是理想的，植物就会产生某一最高产量；相反，只要某一任何主要因素缺乏时，产量便相应减少。

需要强调指出的是，报酬递减律和米切利希学说都是有前提的，它们只反映在其他技术条件相对稳定的情况下，某一限制因子（或最小养分）投入（施肥）和产出（产量）的关系。如果在生产过程中，某一技术条件有了新的改革和突破，那么原来的限制因子就让位于另一新的因子，同样，当增加新的限制因子达到适量以后，报酬仍将出现递减趋势。

以学术观点分析，投入最后一个单位的成本叫做边际成本，它所得到的收益叫做边际收益。两者之差叫做边际利润。在研究最高产量和最佳经济产量时经常用到这些概念。当边际收益为0时得到最高产量；当边际收益等于边际成本时，即边际利润为0时得到最佳经济产量。

由于土壤对养分的吸附、固定能力，在肥力低的土壤上施肥，最初一部分肥料可能用于培肥地力，而不是提高产量。培肥地力可以使产量提高。但从经济角度考虑，培肥地力应是一项长年累月的投资，而不应只在一年内完成。所以在计算施肥效益时应考虑肥料的后效（残效）。尤其在施肥量高时后效更显著。

在农业生产中，如果受资金的限制，那么就要考虑将有限的资金合理购买不同的肥料，使利润最大；如果受肥料数量的限制，就要考虑如何合理地将肥料分配给不同的地块或作物，使利润最大。也就是说在有限制因子的情况下，要考虑如何使限制因子效益最大化，使肥料得到的边际收益也最大化。

肥料经济学的研究内容，在实际应用中还有许多具体问题。例如，从技术角度看，一定量的肥料投入因各种不可控自然因素影响，不一定得到确定的产量回报值，这会使最高产量研究出现偏差；从经济角度看，在目前中国市场上，收获时农产品的价格很难在播种时准确预测，这也会对最高产量研究和最佳经济产量研究有影响。

第一节　肥料与其他农业投入的价格比较

种植业是一个利润波动的产业，其收入的多少常取决于单位面积的投入与产出；单位生产成本投入越高，作物产量越高，降低单位生产成本的可能性也越大；农牧民非常清楚，只有舍得投入，才会有获取更大利润的可能。只有购足购全各种肥料，尽量满足作物对养分的需求，才能得到较高的产量和利润。同时还要重视水分管理、耕作、品种、播期和播量、栽培、病虫草害防治和收获措施等，合理施肥和其他管理措施相互协调配合，作物的收益会更好。

从1995—2015年二十年间玉米亩均生产成本来看（见表1-1、1-2），无论是亩均生产成本的总量，还是各成本构成因素之间均发生了较大变化；从表1-1可以看出，二十年间亩均生产成本的总量增长了近4倍，年均收益率也接近增长了4倍，而亩均产量才增长了2倍。这说明随着亩均生产成本的增加，年均收益率也随之同步增长，亩均产量也会有所增加，但亩均产量的增加幅度要远远小于亩均成本和年均收益率的增长幅度，即随着亩均投资额的逐步加大，亩均产量的增长速度随亩均成本增加而增加，当亩均成本达到一定数值时，亩均产量不但不会再增加，反而会降低。

1995—2015年的二十年间，玉米亩均生产成本增加了2.97倍，虽然人工费用也增加了1.63倍，但人工用量则减少了4倍。上述几组数据说明，玉米生产成本的增加，实际上是物资费用的增加，而人工费用增加只是人工工值增加，并不是人工用量增加，人工用量是减少的。

从物资费用构成看，二十年前即1995年，种子费用占物资费用的8.85%，肥料费用占物资费用的49.26%，农药费用占0.85%，机械费用占物资费用的7.93%，畜力费用占物资费用的19.82%，排灌费用占物资费用的13.31%；而二十年后即2015年，种子费用占物资费用的10.38%，肥料费用占物资费用的42.80%，农药费用占2.20%，机械费用占物资费用的25.16%，畜力费用占物资费用的1.82%，排灌费用占物资费用的17.64%。二十年间，物资费用构成因子中，变化最大是机械费用和畜力费用：二十年前机械费用仅占物资费用的7.93%，而二十年后机械费用占物资费用的25.16%；二十年前畜力费用占物资费用的19.82%，而二十年后畜力费用仅占物资费用的1.82%，这说明二十年间机械化程度有了明显提高。二十年间种子费用占物资费用的比例虽然变化不大，但种子亩均用量明显减少；二十年间肥料费用占物资费用的比例变化也不大，但有机肥的亩均用量明显减少，化肥的亩均用量显著增加，随时间的推移大中微量养分的使用更加全面，养分配比更加合理，肥料利用率有了明显提高，作物吸收的养分更加全面及时，使得产量和效益有了明显提高。

表1-1　玉米亩均生产成本

年度	物资费用合计（元）	种子费（元）	肥料费（元）	农药费（元）	机械作业费（元）	畜力作业费（元）	排灌作业费（元）	自用标准工（个）	劳动日工价（元）	人工费用（元）	生产总成本（元）
1995	141.3	12.5	69.6	1.2	11.2	28.0	18.8	6.0	9.5	57.0	198.3
2015	385.5	40.0	165.0	8.50	97.0	7.0	68.0	1.5	100.0	150.0	535.5

表1-2　玉米投入产出

年度	亩成本（元）	亩产量（kg/亩）	年均收益率（%）
1995	134.9	375.6	1.56
2015	535.5	765.3	6.13

第二节　肥料效应方程求解施肥量和作物产量

在摸清耕作土壤养分状况、农牧民施肥方法、水平等基础上，通过"3414"肥料肥效田间试验，构建不同生态类型区域代表性作物施肥模型，获得作物最佳施肥量。确定土壤养分校正系数、无肥区产量、不同作物养分吸收量和肥料利用率等基本参数，修正完善和确立了符合目前农业生产水平的土壤养分丰缺指标。科学合理地提出主要作物肥料配方，并进行大面积推广，获得较好的经济效益、社会效益和生态效益。

一、"3414"试验方案

"3414"肥料田间试验是测土配方推荐施肥的技术依托，通过布置在不同土壤肥力水平上的多点分散试验，总结出不同肥力水平下，主要作物的经济合理推荐施肥量，为构建作物的肥料效应模型，划分施肥类型分区和推荐施肥技术提供试验依据。因此，它不仅要求提供1~2个试验结果，更主要的是要在统一试验方案的基础上，提供一组（也许是15个、20个或很多的）试验结果，这就是多点分散性。这样才能提供出不同肥力水平下的主要作物施肥效应模型、作物最佳经济施肥量、地力产量、土壤养分供肥量、作物养分吸收量以及肥料利用率等有关参数，通过数理统计的方法，完善测土配方推荐施肥技术的内涵，进一步为形成地区性的《专家施肥指导体系》奠定基础，为宏观地指导农业生产科学合理地施用肥料服务。"3414"肥料田间试验是测土配方施肥工作中最重要的技术环节。

"3414"肥料田间试验是复因子试验中的一种设计，"3"是指氮、磷、钾三个研究因素，"4"是指用量0、1、2、3四个水平，其完全组合应该是64，即64种组合方式。因为其试验组合数目过多，一般不易应用。因此，选用部分组合安排试验。农业部在《测土配方施肥技术规范》中推荐的"3414"肥料田间试验就是选取了14个组合，所以称之"3414"田间试验。该方案吸收了回归最优设计的处理少、效率高的优点，是目前国内外应用较为广泛的肥料效应田间试验设计。"3414"试验的四个用量水平是：0水平为不施肥，2水平为当地供试作物的最佳施肥量，1水平＝2水平×0.5，3水平＝2水平×1.5（该水平必须达到过量施肥，否则应调整2水平施肥量）。标准的"3414"试验组合编码见表1-3。

"3414"完全实施方案除了可应用14个处理，进行氮、磷、钾三元二次效应方程的拟合以外，还可分别进行氮、磷、钾中任意二元或一元效应方程的拟合。进行氮、磷二元效应方程拟合时，可选用处理2~7和11、12共8个小区，求得在K_2水平为基础的氮磷二元二次效应方程。

选用处理2、3、6、11可求得在P_2K_2水平为基础的氮肥效应方程, 选用处理4、5、6、7可求得在N_2K_2水平为基础的磷肥效应方程, 选用处理6、8、9、10可求得在N_2P_2水平为基础的钾肥效应方程。一元、二元、三元肥料效应方程均可用来计算施肥配方量。

此外, 通过处理1可以获得基础地力产量, 即空白区产量; 通过处理2可获得无氮区产量; 通过处理4可获得无磷区产量; 通过处理8可获得无钾区产量; 通过处理6可获得全肥区产量。根据这些数据就可以计算土壤养分供应量、作物吸收养分量、土壤养分校正系数等施肥参数。

表1-3 "3414试验方案"

试验编号	处理内容	编码		
		N	P_2O_5	K_2O
1	$N_0P_0K_0$	0	0	0
2	$N_0P_2K_2$	0	2	2
3	$N_1P_2K_2$	1	2	2
4	$N_2P_0K_2$	2	0	2
5	$N_2P_1K_2$	2	1	2
6	$N_2P_2K_2$	2	2	2
7	$N_2P_3K_2$	2	3	2
8	$N_2P_2K_0$	2	2	0
9	$N_2P_2K_1$	2	2	1
10	$N_2P_2K_3$	2	2	3
11	$N_3P_2K_2$	3	2	2
12	$N_1P_1K_2$	1	1	2
13	$N_1P_2K_1$	1	2	1
14	$N_2P_1K_1$	2	1	1

如要获得有机肥料的效应, 可增加1个有机肥处理区（M）; 检验某种微量元素的效应, 可增加$N_2P_2K_2$+某种微量元素处理。

二、试验方案实施

（一）肥料与试验作物品种

选择在当地广泛种植的玉米、荞麦、红干椒、水稻、蓖麻等主栽作物进行"3414"试验。其中玉米品种为郑单958, 荞麦品种为大粒荞, 红干椒品种为韩友45, 水稻品种为吉粳88, 蓖麻品种为缁蓖5号。

试验所需肥料, 氮肥全部选用尿素（含N 46%）, 磷肥选用重过磷酸钙（含P_2O_5 46%）, 钾肥选用硫酸钾（含K_2O 50%）, 尿素总量的10%与重过磷酸钙、硫酸钾肥混合做种肥（种肥必须与种子隔离），其余做一次性备肥。

（二）试验地选择

试验地可分为固定性的和临时性的两种，固定性的试验地是指科研院校和试验研究单位的试验用地。临时性的试验地是指农户的生产用地被选作试验用地块。"3414"肥料田间试验主要是安排在农户的生产地上。所以，选好试验用地对保证试验结果的准确性是至关重要的。肥料试验用地的选择有五点要求：

1. 试验地要有代表性。试验地的气候、土质、土壤肥力、栽培管理等能代表一定区域地块的基本特点，使试验结果能大面积推广应用。

2. 试验地的肥力要均匀一致。设置试验时尽量避免或降低土壤肥力差异的影响，一般有斑块状肥力差异的田块最好不要选作试验田。通过调查农户的方法选择地力均匀的试验地块。一要询问以前作物长势的整齐度，了解地块的肥力差异；二要了解地块是否是填平道路、池塘、积肥坑或土地平整前有过填方挖方等，这样的地块不能作为试验地；三要考虑有些农业技术措施对土壤肥力的影响比较大，如施用磷肥、钾肥、有机肥；四要查明近年来田块的使用情况，如前作、耕作制度、施肥量等因素，如有不同，都有可能引起肥力不均匀。

3. 试验地要平坦。试验地最好安排在平坦的地块上，旱地丘陵区需要在坡耕地上试验时，要选择向一个方向倾斜的缓坡地，而且在安排重复和小区排列时，务必使同一重复的各小区设置在同一等高线上，肥力和排水状况比较一致。

4. 试验地位置要适当。试验地要尽量避开树木、建筑物、沟渠、肥坑、道路等，以免造成土壤肥力和气候条件的不一致性。

5. 试验地的农户要有科学意识，责任心强，最好是科技示范户。

最后，还要注意试验地要有足够的面积和合适的形状，能够充分合理地安排整个试验。

充分考虑土壤类型、肥力等级和地形等因素，将其划分为三个生态类型区：丘陵区、平原区和坨沼区，其中丘陵区以褐土、栗褐土为代表性土壤，平原区以草甸土为代表性土壤，坨沼区以风沙土为代表性土壤。丘陵区以荞麦为主栽作物，平原区以玉米和红干椒为主栽作物，坨沼区以水稻、蓖麻为主栽作物。

（三）试验小区设计

试验小区设计见表1-4、表1-5、表1-6、表1-7、表1-8。

表1-4 玉米"3414"肥料田间试验小区施肥统计表

试验编号	处理	施肥量 (kg/亩)			小区施肥实物量 (g)				施肥水平	纯量 (kg/亩)	备注
		N	P_2O_5	K_2O	追肥 尿素	基肥 尿素	重过磷酸钙	硫酸钾			
1	$N_0P_0K_0$	0	0	0	0	0	0	0	N_0	N 0	1. 肥料名称及含量：氮肥：尿素 46% 磷肥：重过磷酸钙46% 钾肥：硫酸钾50%
2	$N_0P_2K_2$	0	9.2	5	0	0	1199.4	599.7	N_1	6.25	
3	$N_1P_2K_2$	6.25	9.2	5	733.3	81.5	1199.4	599.7	N_2	12.5	
4	$N_2P_0K_2$	12.5	0	5	1466.7	163	0	599.7	N_3	18.75	
5	$N_2P_1K_2$	12.5	4.6	5	1466.7	163	599.7	599.7	P_0	P_2O_5 0	2. 试验总用肥量 (kg)：尿素：17.9×15=268.5 重过磷酸钙：11.5×15=172.5 硫酸钾：6.6×15=99
6	$N_2P_2K_2$	12.5	9.2	5	1466.7	163	1199.4	599.7	P_1	4.6	
7	$N_2P_3K_2$	12.5	13.8	5	1466.7	163	1799.1	599.7	P_2	9.2	
8	$N_2P_2K_0$	12.5	9.2	0	1466.7	163	1199.4	0	P_3	13.8	
9	$N_2P_2K_1$	12.5	9.2	2.5	1466.7	163	1199.4	299.9	K_0	K_2O 0	3. 小区面积：10m×4m=40m²
10	$N_2P_2K_3$	12.5	9.2	7.5	1466.7	163	1199.4	899.6	K_1	2.5	
11	$N_3P_2K_2$	18.75	9.2	5	2200	244.4	1199.4	599.7	K_2	5	
12	$N_1P_1K_2$	6.25	4.6	5	733.3	81.5	599.7	599.7	K_3	7.5	
13	$N_1P_2K_1$	6.25	9.2	2.5	733.3	81.5	1199.4	299.9			
14	$N_2P_1K_1$	12.5	4.6	2.5	1466.7	163	599.7	299.9			

表1-5 荞麦"3414"肥料试验小区施肥统计表

试验编号	处理	施肥量（kg/亩）			小区施肥实物量（g）				施肥水平	纯量（kg/亩）	备注
		N	P_2O_5	K_2O	尿素（追肥）	尿素（基肥）	重过磷酸钙（基肥）	硫酸钾（基肥）			
1	$N_0P_0K_0$	0	0	0	0	0	0	0	N0	N 0.0	1.肥料名称及含量：氮肥：尿素 46% 磷肥：重过磷酸钙46% 钾肥：硫酸钾50% 2.试验总用肥量（kg）：尿素：2.9×15=43.5 重过磷酸钙：2.2×15=33 硫酸钾：2.0×15=30 3.小区面积：10m×2m=20m²
2	$N_0P_2K_2$	0	3	3	0	0	195.7	180	N1	2.0	
3	$N_1P_2K_2$	2	3	3	117.4	13	195.7	180	N2	4.0	
4	$N_2P_0K_2$	4	0	3	234.8	26	0	180	N3	6.0	
5	$N_2P_1K_2$	4	1.5	3	234.8	26	97.8	180	P_2O_5		
6	$N_2P_2K_2$	4	3	3	234.8	26	195.7	180	P0	0	
7	$N_2P_3K_2$	4	4.5	3	234.8	26	293.5	180	P1	1.5	
8	$N_2P_2K_0$	4	3	0	234.8	26	195.7	0	P2	3	
9	$N_2P_2K_1$	4	3	1.5	234.8	26	195.7	90	P3	4.5	
10	$N_2P_2K_3$	4	3	4.5	234.8	26	195.7	270	K_2O		
11	$N_3P_2K_2$	6	3	3	352.3	39	195.7	180	K0	0	
12	$N_1P_1K_2$	2	1.5	3	117.4	13	97.8	180	K1	1.5	
13	$N_1P_2K_1$	2	3	1.5	117.4	13	195.7	90	K2	3	
14	$N_2P_1K_1$	4	1.5	1.5	234.8	26	97.8	90	K3	4.5	

表1-6　水稻"3414"肥料田间试验小区施肥统计表

试验编号	处理	施肥量（kg/亩） N	P$_2$O$_5$	K$_2$O	小区施肥实物量（g） 尿素（追肥）	重过磷酸钙（基肥）	硫酸钾	施肥水平	纯量（kg/亩）	备注
1	N$_0$P$_0$K$_0$	0	0	0	0	0	0.0	N$_0$	N 0	
2	N$_0$P$_2$K$_2$	0	10	5	0	651.8	779.6	N$_1$	7.5	
3	N$_1$P$_2$K$_2$	7.5	10	5	440.0	651.8	779.6	N$_2$	15	1.肥料名称及含量：
4	N$_2$P$_0$K$_2$	15	0	5	880.0	0.0	779.6	N$_3$	22.5	氮肥：尿素 46%
5	N$_2$P$_1$K$_2$	15	5	5	880.0	325.9	779.6	P$_0$	P$_2$O$_5$ 0	磷肥：重过磷酸钙46%
6	N$_2$P$_2$K$_2$	15	10	5	880.0	651.8	779.6	P$_1$	5	钾肥：硫酸钾50%
7	N$_2$P$_3$K$_2$	15	15	5	880.0	977.8	779.6	P$_2$	10	2.试验总用肥量（kg）：
8	N$_2$P$_2$K$_0$	15	10	0	880.0	651.8	0.0	P$_3$	15	尿素：10.8×15＝162
9	N$_2$P$_2$K$_1$	15	10	2.5	880.0	651.8	389.8	K$_0$	K$_2$O 0	重过磷酸钙：7.2×15＝108
10	N$_2$P$_2$K$_3$	15	10	7.5	880.0	651.8	1169.4	K$_1$	2.5	硫酸钾：8.6×15＝129
11	N$_3$P$_2$K$_2$	22.5	10	5	1320.0	651.8	779.6	K$_2$	5	3.小区面积：10m×2m＝20m^2
12	N$_1$P$_1$K$_2$	7.5	5	5	440.0	325.9	779.6	K$_3$	7.5	
13	N$_1$P$_2$K$_1$	7.5	10	2.5	440.0	651.8	389.8			
14	N$_2$P$_1$K$_1$	15	5	2.5	880.0	325.9	389.8			

表1-7 蓖麻"3414"肥料田间试验小区施肥统计表

试验编号	处理	施肥量(kg/亩) N	P₂O₅	K₂O	小区施肥实物量(g) 尿素 追肥	重过磷酸钙 基肥	硫酸钾	施肥水平	纯量(kg/亩)	备注
1	$N_0P_0K_0$	0	0	0	0	0	0	N_0	N 0	1.肥料名称及含量: 氮肥:尿素 46% 磷肥:重过磷酸钙46% 钾肥:硫酸钾50% 2.试验总用肥量(kg): 尿素:5.0×15=75 重过磷酸 钙:11.5×15=172.5 硫酸钾:4.3×15=64.5 3.小区面积:10m×2m=20m²
2	$N_0P_2K_2$	0	8	6.5	0.0	1043.0	389.8	N_1	3.5	
3	$N_1P_2K_2$	3.5	8	6.5	205.3	1043.0	389.8	N_2	7	
4	$N_2P_0K_2$	7	0	6.5	410.7	0.0	389.8	N_3	10.5	
5	$N_2P_1K_2$	7	4	6.5	410.7	521.5	389.8		P_2O_5	
6	$N_2P_2K_2$	7	8	6.5	410.7	1043.0	389.8	P_0	0	
7	$N_2P_3K_2$	7	12	6.5	410.7	1564.4	389.8	P_1	4	
8	$N_2P_2K_0$	7	8	0	410.7	1043.0	0.0	P_2	8	
9	$N_2P_2K_1$	7	8	3.25	410.7	1043.0	194.9	P_3	12	
10	$N_2P_2K_3$	7	8	9.75	410.7	1043.0	584.7		K_2O	
11	$N_3P_2K_2$	10.5	8	6.5	616.0	1043.0	389.8	K_0	0	
12	$N_1P_1K_2$	3.5	4	6.5	205.3	521.5	389.8	K_1	3.25	
13	$N_1P_2K_1$	3.5	8	3.25	205.3	1043.0	194.9	K_2	6.5	
14	$N_2P_1K_1$	7	4	3.25	410.7	521.5	194.9	K_3	9.75	

表1-8　红干椒"3414"肥料田间试验小区施肥统计表

试验编号	处理	施肥量(kg/亩) N	施肥量 P_2O_5	施肥量 K_2O	小区施肥实物量(g) 尿素·追肥	尿素·基肥	重过磷酸钙·基肥	硫酸钾·基肥	施肥水平	纯量(kg/亩)	备注
1	$N_0P_0K_0$	0	0	0	0	0	0	0	N_0	N　0	1.肥料名称及含量: 氮肥:尿素 46% 磷肥:重过磷酸钙46% 钾肥:硫酸钾50% 2.试验总用肥量(kg): 尿素:17.9×15=268.5 重过磷酸钙:13.2×15=198 硫酸钾:6.6×15=99 3.小区面积:10m×4m=40m²
2	$N_0P_2K_2$	0	7.5	7.5	0	0	977.8	90.0	N_1	5	
3	$N_1P_2K_2$	5	7.5	7.5	65.2	856.7	977.8	90.0	N_2	10	
4	$N_2P_0K_2$	10	0	7.5	130.4	1173.3	0	90.0	N_3	15	
5	$N_2P_1K_2$	10	3.75	7.5	130.4	1173.3	488.9	90.0	P_0	P_2O_5　0	
6	$N_2P_2K_2$	10	7.5	7.5	130.4	1173.3	977.8	90.0	P_1	3.75	
7	$N_2P_3K_2$	10	11.25	7.5	130.4	1173.3	1466.7	90.0	P_2	7.5	
8	$N_2P_2K_0$	10	7.5	0	130.4	1173.3	977.8	0	P_3	11.25	
9	$N_2P_2K_1$	10	7.5	3.75	130.4	1173.3	977.8	45.0	K_0	K_2O　0	
10	$N_2P_2K_3$	10	7.5	11.25	130.4	1173.3	977.8	134.9	K_1	3.75	
11	$N_3P_2K_2$	15	7.5	7.5	195.6	1760	977.8	90.0	K_2	7.5	
12	$N_1P_1K_2$	5	3.75	7.5	65.2	856.7	488.9	90.0	K_3	11.25	
13	$N_1P_2K_1$	5	7.5	3.75	65.2	856.7	977.8	45.0			
14	$N_2P_1K_1$	10	3.75	3.75	130.4	1173.3	488.9	45.0			

（四）田间区划

丘陵区选择种植荞麦，平原区选择种植玉米和红干椒，坨沼区选择水稻、蓖麻，每一参试品种设试验区、生产区和配方区。

小区面积：玉米和红干椒小区面积40m²，小区宽度4m，长10m，保护行为1m。蓖麻、水稻、荞麦小区面积20m²，小区宽度2m，长10m，保护行为1m。随机区组排列，但处理1、2、4、6、8要排在一起。详见各种作物肥料田间试验小区施肥统计表。试验小区除施肥数量外，其他农事操作内容和时间完全一致，同一试验各处理小区的种植密度、基本苗情一致。

（五）试验田间观察、记载与收获

每个试验区在播种前和收获后测定土壤养分量。收获后测定作物植株养分含量，并考种测产量。

田间记载：按田间记载表要求准确记载田间管理措施及植株长势，详细记载各小区实际株数，有缺苗的查清原因并记录，填写各种作物肥料试验田间管理记载表。

玉米统计鲜重、穗行数、行粒数、千粒重、穗长、秃尖长、穗围、单穗重、干鲜比、出粒率、亩产量；

红干椒统计亩株数、亩株坐果率、平均单果重、亩产量；

蓖麻统计每亩株数、株高、主穗蒴果数、穗长、单株有效穗、单株蒴果数、千粒重、亩产量；

荞麦统计收获株数、株粒数、千粒重、皮壳率、平均产量；

水稻统计产量、穗数、穗粒数、结实率、千粒重、亩产量。

对测定的数据进行统计分析：包括回归分析、方差分析、施肥参数计算，主要内容有不同土壤类型各种作物施肥指标体系、肥料利用率、土壤养分利用率、农作物单位养分吸收量与土壤养分丰缺评价等。

（六）样品采集与分析测试

1. 土壤样品采集与测定。

（1）布点。充分考虑当地土壤类型、肥力等级和地形等因素，将其划分为三个生态类型区：丘陵区、平原区和坨沼区，其中丘陵区以褐土、栗褐土为代表性土壤，平原区以灰色草甸土为代表性土壤，坨沼区以风沙土为代表性土壤。在3个生态类型区内，将测土配方施肥区域划分为若干个采样单元，每个采样单元的土壤尽可能均匀一致，平原区100~200亩采集一个混合土样，坨沼区和丘陵区500亩采集一个混合土样。

（2）土样采集方法。采样深度是0~20cm的耕作层。每个采样点的取土深度和采样量均匀一致，土样上层与下层的比例相同，取样器应垂直于地面入土，深度相同。用取土铲取样时先铲出一个耕层断面，再平行于断面取土。因需测定或抽样测定微量元素，所有样品都用不锈钢取土器采样，用铁锹或取土铲取样的，要用木板刮掉铁锹（取土铲）接触面，最后均匀取0~20cm土样。混合土样用四分法缩减至1kg左右。采集的样品放入统一的样品袋，用铅笔写好标签，内外各一张。取样时采用GPS定位，记录经纬度。

（3）测定。测定土壤样品的大量元素和中微量元素，具体的测定项目和方法见图1-1。

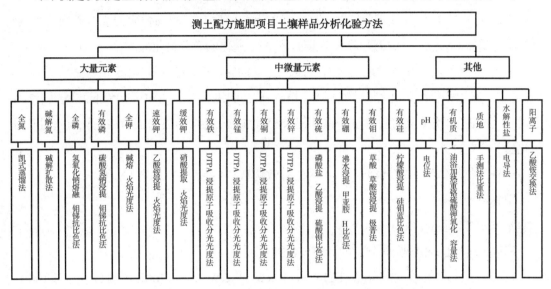

图1-1　测土配方施肥项目土壤样品分析化验方法

2. 作物植株样品采集。

在试验小区内选生长均匀、代表性强的玉米、荞麦、红干椒、水稻、蓖麻等5种作物植株，分别测定其茎秆和籽粒的鲜物含水量、氮、磷、钾及其他元素含量。

（1）玉米：在所选试验点的每个小区中，避开田边，选取2株典型样株从茎基部剪断（注意茎、叶、穗部的完整性），用塑料纸包扎好，写好标签，带回室内后取下玉米果穗脱粒。首先，称量植株（包括茎、叶、穗轴、果皮）的鲜重（W_1，kg），然后用剪刀将样品剪碎后在85℃条件下杀青半小时，自然干燥后在70~80℃下烘干7~8小时，直至样品干燥，称量植株烘干重量（W_2，kg）；玉米籽粒自然风干后称重（W_3，kg），然后在70~80℃下烘干7~8小时，直至样品干燥，称量籽粒烘干量（W_4，kg），准确记录各处理的称量结果。称重后将植株样品和玉米籽粒分别包装，送化验室分析化验。

田间生物量估测：在所选择试验点的每个小区中，选择10株典型样株，将植株从茎基部剪断，完整收集茎、叶，取下玉米穗脱粒，保留穗轴、果皮，与植株混合后称量鲜重（W_5，kg）并记录。调查每小区株数，并折算为每亩株数（N，株/亩）。玉米籽实产量用小区实测产量（W_6，kg/亩）计算。

茎叶等生物量（W_8，kg/亩，干重）＝（$W_5 \times W_2/W_1$）$\times N/10$

玉米籽粒产量（W_7，kg/亩，干重）＝$W_6 \times W_4/W_3$

形成100kg玉米籽粒吸收养分量的计算方法如下：

形成100kg玉米籽实吸收量（kg）＝[（$W_7 \times F_1 + W_8 \times F_2$）$\times 100$]/$W_6 \times 1000$

F_1：籽粒养分含量（g/kg）；F_2：茎叶中养分含量（g/kg）。

（2）红干椒：在试验小区内选择三株有代表性的典型样株，将果实分期全部采收后混合在一起装入袋中，贴好标签带回室内，在60~70℃下鼓风烘干7~8小时，直至完全干燥后称量5株果实总重量（W_1，kg）（注意扣除包装袋的重量），送化验室分析化验。

采收果实后，将植株紧贴地面剪断（注意茎、叶的完整性，避免茎、叶干枯后被风吹失），5株混在一起用塑料纸包扎好，贴好标签。植株样品带回室内后，在60~70℃下鼓风烘干7~8小时，直至完全干燥，取出后称量干重并记录（W_2，kg），将样品剪碎混合后送化验室进行分析化验。

单株生物量估测：调查试验每一小区的有效株数，并换算为亩株数（N，株/亩）。

单株红干椒重W_3（kg）＝$W_1/5$

单株植株干重W_4（kg）＝$W_2/5$

形成100kg红干椒吸收养分量的计算方法如下：

形成100kg红干椒吸收养分量（kg）：＝[（$F_1 \times W_3 + F_2 \times W_4$）$\times N \times 100$]/产量（kg/亩）$\times 1000$

F_1：红干椒干样养分含量（g/kg）；F_2：株植干样中养分含量（g/kg）。

（3）蓖麻：在试验小区内选择三株有代表性的典型样株，将果实分期全部采收后，混合在一起装入袋中，贴好标签，去掉果皮（果皮要保存，混入植株样品中），干后称量三株果实总重量（W_1，kg）（注意扣除包装袋的重量），送化验室分析化验。

采收果实后，将植株紧贴地面用剪刀剪断（注意茎、叶的完整性，避免茎、叶干枯后被风吹失），3株混在一起（包括果皮）用塑料纸包扎好，贴好标签。植株样品带回室内后，在60~70℃下鼓风烘干7~8小时，直至完全干燥，取出后称量干重并记录（W_2，kg），将样品剪碎混合后寄送到内蒙古农科院测试中心进行分析化验。

单株生物量估测：调查试验每一小区的有效株数，并换算为亩株数（N，株/亩）。

单株蓖麻干重W_3（kg）＝$W_1/3$

单株植株干重W_4（kg）：$W_2/3$

形成100kg蓖麻吸收养分量的计算方法如下：

形成100kg蓖麻吸收养分量（kg）＝[（$F_1 \times W_3 + F_2 \times W_4$）$\times N \times 100$]/蓖麻产量（kg/亩）$\times 1000$

F_1：蓖麻干样中养分含量（g/kg）；F_2：株植干样中养分含量（g/kg）。

（4）水稻：在所选择的试验点的每个小区中，避开田边，按梅花形或"S"形采样法采样。

采样区内采取10个样点的样品组成一个混合样,每样点3株。连根拔起(注意茎、叶、穗的完整性),用塑料纸包扎好。带回室内后自然干燥后脱粒,然后分别在65℃下烘干8小时,分别称量籽粒重量(W_1, kg)、茎叶与穗部剩余物的总重量(W_2, kg),并将各处理的称重结果准确记录。称重后将籽粒单独包装,茎叶剪碎与穗部剩余物混合后包装,送化验室分析化验。

田间生物量估测:在所选择的试验点的每个小区中,选择三个典型样点,每样点准确量取$1m^2$,拔取整个植株(注意茎、叶、穗部的完整性)从茎基部将根剪掉,三点植株混合,自然干燥后称量其重量(W_3, kg)。取其中的少部分(约500g),准确称其重量(W_4, kg),在65℃下烘干8小时,取出后称其总重量(W_5, kg)。

生物产量(W_6)(kg/亩) = ($W_3 \times W_5/W_4$) × 666.7/3

形成100kg籽粒吸收养分量的计算方法如下:

形成100kg籽粒吸收养分量(kg) = {[($W_1 \times F_1 + W_2 \times F_2$)/($W_1 + W_2$)] × W_6 × 100}/籽粒产量(kg/亩) × 1000

F_1:籽粒中养分含量(g/kg);F_2:茎叶与穗部剩余物的养分含量(g/kg)。

(5)荞麦:在所选择的试验点的每个小区中,避开田边,按梅花形或"S"形采样法采样。采样区内采取10个样点的样品组成一个混合样,每样点3株。连根拔起(注意茎、叶、穗的完整性),用塑料纸包扎好。带回室内后自然干燥后脱粒,然后分别在65℃下烘干8小时,分别称量籽粒重量(W_1, kg)、茎叶与穗部剩余物的总重量(W_2, kg),并将各处理的称重结果准确记录。称重后将籽粒单独包装,茎叶剪碎与穗部剩余物混合后包装,送化验室分析化验。

田间生物量估测:在所选择的试验点的每个小区中,选择三个典型样点,每样点准确量取$1m^2$,拔取整个植株(注意茎、叶、穗部的完整性)从茎基部将根剪掉,三点植株混合,自然干燥后称量其重量(W_3, kg)。取其中的少部分(约500g),准确称其重量(W_4, kg),在65℃下烘干8小时,取出后称其总重量(W_5, kg)。

生物产量(W_6)(kg/亩) = ($W_3 \times W_5/W_4$) × 666.7/3

形成100kg籽粒吸收养分量的计算方法如下:

形成100kg籽粒吸收养分量(kg) = {[($W_1 \times F_1 + W_2 \times F_2$)/($W_1 + W_2$)] × W_6 × 100}/籽粒产量(kg/亩) × 1000

F_1:籽粒中养分含量(g/kg);F_2:茎叶与穗部剩余物的养分含量(g/kg)。

(七)试验田管理

试验田均按常规进行管理,及时进行中耕除草、病虫防治等。除了试验设计新规定的处理在施肥上面有差距外,同一试验其他管理措施一致。

根据"3414"方案田间试验结果建立当地主要作物的肥料效应函数,直接获得某一区域、某种作物的氮磷钾肥料的最佳施用量,为肥料配方和施肥推荐提供依据。

三、试验设计及处理

通过作物多点肥料利用率验证试验,可以研究农民常规施肥施用氮、磷、钾化肥的利用率和推广测土配方施肥技术后配方施肥施用氮、磷、钾化肥的利用率,摸清常规施肥条件下农作物氮、磷、钾肥的利用率现状和测土配方施肥提高氮、磷、钾肥利用率的效果,明确常规施肥和配方施肥肥料利用率的差异,为进一步推进测土配方施肥工作提供数据支持。

试验采用大区无重复设计,即每个试验点选择1个代表当地中等土壤肥力水平的农户地块,先分成常规施肥和配方施肥2个大区(每个大区不少于1亩)。分别在2个大区中,设置空白、常规NP、常规NK、常规PK、常规NPK和配方NP、配方PK、配方NK、配方NPK 9个处理。见图1-2。

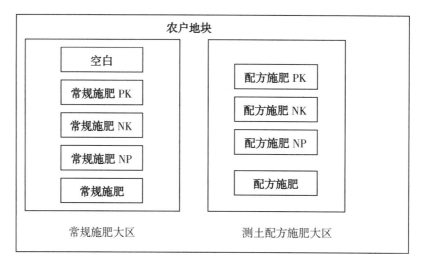

图1-2 肥料利用率试验小区排列图

(一)常规施肥下氮、磷、钾肥料利用率计算

1. 氮肥利用率计算。

(1)常规施肥区100kg经济产量N养分吸收量=(常规施肥区籽粒产量×常规施肥区籽粒N含量+常规施肥区茎叶产量×常规施肥区茎叶N含量)/常规施肥区籽粒产量×100

(2)常规无氮区100kg经济产量N养分吸收量=(常规无氮区籽粒产量×常规无氮区籽粒N含量+常规无氮区茎叶产量×常规无氮区茎叶N含量)/常规无氮区籽粒产量×100

(3)常规施肥区作物吸N总量=常规施肥区籽粒产量×常规施肥区100kg经济产量N养分吸收量/100

（4）常规无氮区作物吸N总量＝常规无氮区籽粒产量×常规无氮区100kg经济产量N养分吸收量/100

（5）氮肥利用率＝（常规施肥区作物吸氮总量–常规无氮区作物吸氮总量）/所施肥料中氮素的总量×100%

2. 磷肥利用率计算。

（1）常规施肥区100kg经济产量P_2O_5养分吸收量＝（常规施肥区籽粒产量×常规施肥区籽粒P含量+常规施肥区茎叶产量×常规施肥区茎叶P含量）/常规施肥区籽粒产量×2.29×100

（2）常规无磷区100kg经济产量P_2O_5养分吸收量＝（常规无磷区籽粒产量×常规无磷区籽粒P含量+常规无磷区茎叶产量×常规无磷区茎叶P含量）/常规无磷区籽粒产量×2.29×100

（3）常规施肥区作物吸P_2O_5总量＝常规施肥区籽粒产量×常规施肥区100kg经济产量P_2O_5养分吸收量/100

（4）常规无磷区作物吸P_2O_5总量＝常规无磷区籽粒产量×常规无磷区100kg经济产量P_2O_5养分吸收量/100

（5）磷肥利用率＝（常规施肥区作物吸P_2O_5总量–常规无磷区作物吸P_2O_5总量）/所施肥料中P_2O_5的总量×100%

3. 钾肥利用率计算。

（1）常规施肥区100kg经济产量K_2O养分吸收量＝（常规施肥区籽粒产量×常规施肥区籽粒K含量+常规施肥区茎叶产量×常规施肥区茎叶K含量）/常规施肥区籽粒产量×1.205×100

（2）常规无钾区100kg经济产量K_2O养分吸收量＝（常规无钾区籽粒产量×常规无钾区籽粒K含量+常规无钾区茎叶产量×常规无钾区茎叶K含量）/常规无钾区籽粒产量×1.205×100

（3）常规施肥区作物吸K_2O总量＝常规施肥区籽粒产量×常规施肥区100kg经济产量K_2O养分吸收量/100

（4）常规无钾区作物吸K_2O总量＝常规无钾区籽粒产量×常规无钾区100kg经济产量K_2O养分吸收量/100

（5）钾肥利用率＝（常规施肥区作物吸K_2O总量–常规无钾区作物吸K_2O总量）/所施肥料中K_2O的总量×100%

（二）测土配方施肥下氮、磷、钾肥料利用率计算

1. 氮肥利用率计算。

（1）配方施肥100kg经济产量N养分吸收量＝（配方施肥区籽粒产量×配方施肥区籽粒N含量+配方施肥区茎叶产量×配方施肥区茎叶N含量）/配方施肥区籽粒产量×100

（2）配方无氮区100kg经济产量N养分吸收量＝（配方无氮区籽粒产量×配方无氮区籽粒

N含量+配方无氮区茎叶产量×配方无氮区茎叶N含量)/配方无氮区籽粒产量×100

（3）配方施肥区作物吸N总量＝配方施肥区籽粒产量×配方施肥区100kg经济产量N养分吸收量/100

（4）配方无氮区作物吸N总量＝配方无氮区籽粒产量×配方无氮区100kg经济产量N养分吸收量/100

（5）氮肥利用率＝（配方施肥区作物吸氮总量−配方无氮区作物吸氮总量）/所施肥料中氮素的总量×100%

2. 磷肥利用率计算。

（1）配方施肥区100kg经济产量P_2O_5养分吸收量＝（配方施肥区籽粒产量×配方施肥区籽粒P含量+配方施肥区茎叶产量×配方施肥区茎叶P含量)/配方施肥区籽粒产量×2.29×100

（2）配方无磷区100kg经济产量P_2O_5养分吸收量＝（配方无磷区籽粒产量×配方无磷区籽粒P含量+配方无磷区茎叶产量×配方无磷区茎叶P含量)/配方无磷区籽粒产量×2.29×100

（3）配方施肥区作物吸P_2O_5总量＝配方施肥区籽粒产量×配方施肥区100kg经济产量P_2O_5养分吸收量/100

（4）配方无磷区作物吸P_2O_5总量＝配方无磷区籽粒产量×配方无磷区100kg经济产量P_2O_5养分吸收量/100

（5）磷肥利用率＝（配方施肥区作物吸P_2O_5总量 − 配方无磷区作物吸P_2O_5总量）/所施肥料中P_2O_5的总量×100%

3. 钾肥利用率计算。

（1）配方施肥区100kg经济产量K_2O养分吸收量＝（配方施肥区籽粒产量×配方施肥区籽粒K含量+配方施肥区茎叶产量×配方施肥区茎叶K含量)/配方施肥区籽粒产量×1.205×100

（2）配方无钾区100kg经济产量K_2O养分吸收量＝（配方无钾区籽粒产量×配方无钾区籽粒K含量+配方无钾区茎叶产量×配方无钾区茎叶K含量)/配方无钾区籽粒产量×1.205×100

（3）配方施肥区作物吸K_2O总量＝配方施肥区籽粒产量×配方施肥区100kg经济产量K_2O养分吸收量/100

（4）常规无钾区作物吸K_2O总量＝配方无钾区籽粒产量×配方无钾区100kg经济产量K_2O养分吸收量/100

（5）钾肥利用率＝（配方施肥区作物吸K_2O总量 − 配方无钾区作物吸K_2O总量）/所施肥料中K_2O的总量×100%

（三）测土配方施肥提高肥料利用率效果计算

测土配方施肥提高肥料利用率＝测土配方施肥下肥料利用率 − 常规施肥下肥料利用率

玉米化肥利用率试验氮肥用尿素，30%做基肥（或种肥），其余做追肥；磷肥用重过磷酸钙，全部做基肥；钾肥用硫酸钾，全部做基肥。试验亩施肥量和各处理施肥量见表1–9“玉米肥料利用率试验亩施肥量统计表”和表1–10“玉米肥料利用率试验处理施肥量统计表”。

表1–9　玉米肥料利用率试验亩施肥量统计表

作物	常规施肥量（kg/亩）			配方施肥量（kg/亩）		
	N	P_2O_5	K_2O	N	P_2O_5	K_2O
玉米	16.5	6.9	0	16.1	7	5

表1–10　玉米肥料利用率验处理施肥量统计表

处理	作物	小区面积（m^2）	肥料纯量（g）			肥料实物量（g）			
			N	P_2O_5	K_2O	尿素（基肥）	尿素（追肥）	过磷酸钙	硫酸钾
1	玉米	40	0	0	0	0	0	0	0
2	玉米	40	989.5	413.8	0	645.3	1505.8	962.3	0.0
3	玉米	40	989.5	0	0	645.3	1505.8	0.0	0.0
4	玉米	40	0	413.8	0	0.0	0.0	962.3	0.0
5	玉米	40	989.5	413.8	0	645.3	1505.8	962.3	0.0
6	玉米	40	965.5	419.8	0	629.7	1469.2	976.3	0.0
7	玉米	40	965.5	0	300	629.7	1469.2	0.0	588.2
8	玉米	40	0	419.8	300	0.0	0.0	976.3	588.2
9	玉米	40	965.5	419.8	300	629.7	1469.2	976.3	588.2

四、玉米不同氮肥用量土壤硝态氮和植株营养诊断试验

（一）试验设计

试验作物为玉米，供试品种为郑单958。分别选择在土壤养分含量高、中、低的地块上进行试验，试验共设置8个处理，每个处理28m^2，三次重复，小区顺序排列。

1	2	3	4	5	6	7	8	1	2	3	4	5	6	7	8	1	2	3	4	5	6	7	8

（二）试验处理

共设计8个处理，处理1~8是在磷钾肥基础上分别设置氮肥的8个水平，即亩施氮肥0kg、3.4kg、6.8kg、10.2kg、13.6kg、17kg、20.4kg、23.8kg（折纯），磷（P_2O_5）、钾（K_2O）肥亩用量分别为9kg和5kg。（氮磷钾二水平分别为13.6、9、5kg/亩）

表1-11 各试验处理肥料用量表

单位: kg/亩

处理	各处理肥料折纯			肥料施用量		
	N	P_2O_5	K_2O	尿素	重过磷酸钙	硫酸钾
1	0	9	5	0	19.56	8.3
2	3.4	9	5	7.39	19.56	8.3
3	6.8	9	5	14.78	19.56	8.3
4	10.2	9	5	22.17	19.56	8.3
5	13.6	9	5	29.57	19.56	8.3
6	17	9	5	36.96	19.56	8.3
7	20.4	9	5	44.35	19.56	8.3
8	23.8	9	5	51.74	19.56	8.3

（三）取样测试

1. 土壤硝态氮测试。

分别在玉米施肥播种前、拔节期、大喇叭口期、抽穗期、灌浆期、成熟期，每个小区对角三点随机取3~5钻，取样深度0~30cm和30~60cm，每层3~5钻的土样混合后，装自封袋放入冰盒（大喇叭口期、抽穗期在追肥前3天取样测试）。由于田间硝态氮含量不均匀，试验采用土样20g、蒸馏水30ml进行浸提，震荡10分钟，之后用Rqeasy Nitrate硝酸盐反射测试仪进行测试。

2. 玉米植株营养诊断指标测试。

在玉米拔节期、大喇叭口期、抽穗期，取土样测试硝态氮的同时，取植株样进行SAPD值、生物量和全株氮浓度的测定。SAPD值每个小区测试30个叶片，生物量和全株氮浓度每个小区取一个样进行测试。

3. 测产与统计分析。

收获时，每个小区选择三个典型样点，每样点准确量1m²收获，并将三样点混合，干燥后脱粒计产，并换算为亩产量。

五、耕地土壤与施肥的信息管理系统

以行政区域内耕地资源为管理对象，应用地理信息系统（GIS）构建的耕地资源基础信息系统，它是一套专门用于农田信息采集、处理、管理、检索和分析、决策的软件，是实现精准农业概念的核心系统，并集成了一套触摸屏查询系统和手机短信服务新模式。

六、主要作物施肥指标体系肥料效应函数的建立

不同作物的施肥指标体系的建立，主要以对应作物"3414"肥料肥效田间试验为基础。对每个试验点采集土壤样品进行分析化验，对"3414"肥料肥效田间试验结果数据进行统计分析。根据施肥量与产量的回归分析结果，模拟建立三元二次肥料效应方程，求得函数最佳施肥量；根据土测值与相对产量之间的函数关系，计算不同作物的养分丰缺指标；根据土测值与最佳施肥量之间的函数关系，计算不同养分丰缺指标下的最佳施肥量，再经过田间试验进行研究校正即建立了测土配方施肥指标体系。

（一）平原区玉米和红干椒施肥指标

通过"3414"肥料肥效田间试验，初步建立了平原区主栽作物玉米和红干椒基于土壤碱解氮水平、有效磷水平和速效钾水平的氮（X_1）、磷（X_2）、钾（X_3）施肥指标，玉米氮（X_1）、磷（X_2）、钾（X_3）施肥指标函数方程分别为 $Y = 53.29Ln(X_1) - 177.43$，$Y = 20.90Ln(X_2) + 7.36$，$Y = 32.97Ln(X_3) - 74.86$；红干椒氮、磷、钾施肥指标函数方程分别为 $Y = 73.40Ln(X_1) - 236.48$，$Y = 19.57Ln(X_2) + 13.08$，$Y = 41.73Ln(X_3) - 132.32$，由此计算出的不同丰缺指标下的建议施肥量详见表1-12、表1-13。

表1-12　玉米基于土壤碱解氮、有效磷、速效钾水平的施氮、磷、钾指标

丰缺指标	低	较低	中	较高	高	函数方程
碱解氮水平	<43.49	43.49~60.82	60.82~84.17	84.17~126.04	>126.04	$Y = 53.29Ln(X_1) - 177.43$
建议施氮纯量	>17.58	15.67~17.58	12.17~15.67	7.36~12.17	<7.36	见肥料优化模型
有效磷水平	<7.83	7.83~15.52	15.52~31.64	31.64~67.44	>67.44	$Y = 20.90Ln(X_2) + 7.36$
建议施磷纯量	>11.66	10.51~11.66	8.09~10.51	2.72~8.09	<2.72	见肥料优化模型
速效钾水平	<43.21	43.21~69.79	69.79~113.99	113.99~188.29	>188.29	$Y = 32.97Ln(X_3) - 74.86$
建议施钾纯量	>5.81	4.05~5.81	2.09~4.05	1.18~2.09	<1.18	见肥料优化模型

表1-13　红干椒基于土壤碱解氮、有效磷、速效钾水平的施氮、磷、钾指标

丰缺指标	低	较低	中	较高	高	函数方程
碱解氮水平	<49.52	49.52~60.81	60.81~74.65	74.65~91.58	>91.58	$Y = 73.40Ln(X_1) - 236.48$
建议施氮纯量	>12.57	11.88~12.57	9.81~11.88	6.27~9.81	<6.27	见肥料优化模型
有效磷水平	<6.56	6.56~14.38	14.38~30.45	30.45~65.78	>65.78	$Y = 19.57Ln(X_2) + 13.08$
建议施磷纯量	>10.27	9.09~10.27	6.68~9.09	1.38~6.68	<1.38	见肥料优化模型
速效钾水平	<50.36	50.36~77.81	77.81~114.23	114.23~167.65	>167.65	$Y = 41.73Ln(X_3) - 132.32$
建议施钾纯量	>9.61	8.53~9.61	6.45~8.53	4.27~6.45	<4.27	见肥料优化模型

（二）坨沼区水稻、蓖麻施肥指标

通过"3414"肥料肥效田间试验，初步建立了坨沼区主栽作物水稻和蓖麻基于土壤碱解氮水平、有效磷水平和速效钾水平的氮（X_1）、磷（X_2）、钾（X_3）施肥指标，水稻氮（X_1）、磷（X_2）、钾（X_3）施肥指标函数方程分别为 $Y=26.40Ln(X_1)-73.22$，$Y=27.51Ln(X_2)+6.43$，$Y=35.61Ln(X_3)-52.50$；蓖麻氮、磷、钾施肥指标函数方程分别为 $Y=72.36Ln(X_1)-211.72$，$Y=43.39Ln(X_2)-26.76$，$Y=38.95Ln(X_3)-88.24$，由此计算出的不同丰缺指标下的建议施肥量详见表1-14、表1-15。

表1-14　水稻基于土壤碱解氮、有效磷、速效钾水平的施氮、磷、钾指标

丰缺指标	低	较低	中	较高	高	函数方程
碱解氮水平	<27.69	27.69~38.25	38.25~52.67	52.67~73.89	>73.89	$Y=26.40Ln(X_1)-73.22$
建议施氮纯量	>18.31	16.11~18.31	11.29~16.11	8.56~11.29	<8.56	见肥料优化模型
有效磷水平	<2.05	2.05~4.96	4.96~8.34	8.34~14.03	>14.03	$Y=27.51Ln(X_2)+6.43$
建议施磷纯量	>12.56	11.05~12.56	8.20~11.05	5.46~8.20	<5.46	见肥料优化模型
速效钾水平	<54.38	54.38~73.36	73.36~105.28	105.28~142.42	>142.42	$Y=35.61Ln(X_3)-52.50$
建议施钾纯量	>12.57	9.64~12.57	6.35~9.64	4.48~6.35	<4.48	见肥料优化模型

表1-15　蓖麻基于土壤碱解氮、有效磷、速效钾水平的施氮、磷、钾指标

丰缺指标	低	较低	中	较高	高	函数方程
碱解氮水平	<27.75	31.75~40.96	40.96~54.5	54.5~74.96	>74.96	$Y=72.36Ln(X_1)-211.72$
建议施氮纯量	>8.76	7.35~8.76	5.57~7.35	3.35~5.57	<3.35	见肥料优化模型
有效磷水平	<1.13	1.13~3.05	3.05~7.88	7.88~11.95	>11.95	$Y=43.39Ln(X_2)-26.76$
建议施磷纯量	>10.62	9.01~10.62	6.96~9.01	3.97~6.96	<3.97	见肥料优化模型
速效钾水平	<32.56	32.56~58.57	58.57~75.03	75.03~103.21	>103.21	$Y=38.95Ln(X_3)-88.24$
建议施钾纯量	>8.86	6.92~8.86	4.48~6.92	2.31~4.48	<2.31	见肥料优化模型

（三）丘陵区荞麦施肥指标

通过"3414"肥料肥效田间试验，初步建立了丘陵区主栽作物荞麦基于土壤碱解氮水平、有效磷水平和速效钾水平的氮（X_1）、磷（X_2）、钾（X_3）施肥指标，荞麦氮（X_1）、磷（X_2）、钾（X_3）施肥指标函数方程为 $Y=13.78Ln(X_1)-0.22$，$Y=17.25Ln(X_2)+46.33$，$Y=43.74Ln(X_3)-104.57$；由此计算出的不同丰缺指标下的建议施肥量详见表1-16。

表1-16　荞麦基于土壤碱解氮、有效磷、速效钾水平的施氮、磷指标

丰缺指标	低	较低	中	较高	高	函数方程
碱解氮水平	<28.13	28.13~34.02	34.02~41.05	41.05~58.07	>58.07	$Y=13.78Ln(X_1)-0.22$
建议施氮纯量	>6.81	4.93~6.81	3.42~4.93	1.26~3.42	<1.26	见肥料优化模型
有效磷水平	<2.95	2.95~5.27	5.27~12.57	12.57~16.8	>16.8	$Y=17.25Ln(X_2)+46.331$

续表

丰缺指标	低	较低	中	较高	高	函数方程
建议施磷纯量	>5.04	3.10~5.04	2.52~3.10	1.35~2.52	<1.35	见肥料优化模型
速效钾水平	<48.29	48.29~60.69	60.69~85.53	85.53~95.88	>95.88	$Y=43.74Ln(X_3)-104.57$
建议施钾纯量	>8.1	4.5~8.1	2.71~4.5	1.03~2.71	<1.03	见肥料优化模型

（四）耕地土壤微量元素分级

耕地土壤微量元素分级标准见表1-17。

表1-17　耕地土壤微量元素分级表

土壤养分	分级标准					
	极低	低	中	较高	高	临界值
有效铁（mg/kg）	<2.48	2.48~4.52	4.53~10.03	10.04~20.15	>20.15	2.48
有效锰（mg/kg）	<1.10	1.10~4.98	4.99~15.02	15.03~30.10	>30.10	7.12
有效铜（mg/kg）	<0.11	0.11~0.19	0.20~1.05	1.06~1.81	>1.81	0.22
有效锌（mg/kg）	<0.29	0.29~0.51	0.52~1.03	1.04~3.01	>3.01	0.53
有效硼（mg/kg）	<0.21	0.21~0.49	0.50~1.01	1.02~1.98	>1.98	0.49
有效钼（mg/kg）	<0.12	0.12~0.16	0.17~0.26	0.27~0.30	>0.30	0.15

（五）主要作物肥料效应函数的建立

不同作物"3414"肥料田间试验小区产量统计见表1-18至表1-22，在不同生态类型区不同作物施肥指标体系的基础上，根据田间试验小区产量，研究出玉米、荞麦、水稻、红干椒、蓖麻施肥优化模型分别为

$Y_{玉米}=563.31+152.04X_1+57.57X_2+101.49X_3-64.68X_1^2-28.37X_2^2-26.36X_3^2+52.95X_1X_2-11.38X_1X_3-21.28X_2X_3$

$Y_{荞麦}=47.86+6.84X_1+11.36X_2+21.79X_3-3.1712X_1^2-3.58X_2^2-4.30X_3^2+12.97X_1X_2+2.35X_1X_3-9.42X_2X_3$

$Y_{水稻}=301.48+178.19X_1+27.64X_2+40.29X_3-56.18X_1^2-22.08X_2^2-13.05X_3^2+22.87X_1X_2+6.14X_1X_3+2.93X_2X_3$

$Y_{红干椒}=207.38+142.05X_1+13.07X_2+12.84X_3-32.36X_1^2-0.75X_2^2-7.54X_3^2-3.12X_1X_2+5.86X_1X_3+2.15X_2X_3$

$Y_{蓖麻}=158.83+4.21X_1+25.80X_2+11.06X_3-12.23X_1^2-22.94X_2^2-3.45X_3^2+26.18X_1X_2$

其最高产量时氮、磷、钾各因素组合见表 1-23，不同作物氮、磷、钾最优肥料配方见表1-24。

表1–18 玉米"3414"肥料田间试验小区产量统计表

试验编号	处理	施肥量（kg/亩）			产量（kg/亩）
		N	P_2O_5	K_2O	
1	$N_0P_0K_0$	0	0	0	514.08
2	$N_0P_2K_2$	0	9.2	5	573.58
3	$N_1P_2K_2$	6.25	9.2	5	808.58
4	$N_2P_0K_2$	12.5	0	5	763.22
5	$N_2P_1K_2$	12.5	4.6	5	813.06
6	$N_2P_2K_2$	12.5	9.2	5	851.74
7	$N_2P_3K_2$	12.5	13.8	5	846.61
8	$N_2P_2K_0$	12.5	9.2	0	805.21
9	$N_2P_2K_1$	12.5	9.2	2.5	932.18
10	$N_2P_2K_3$	12.5	9.2	7.5	845.93
11	$N_3P_2K_2$	18.75	9.2	5	840.22
12	$N_1P_1K_2$	6.25	4.6	5	807.41
13	$N_1P_2K_1$	6.25	9.2	2.5	799.09
14	$N_2P_1K_1$	12.5	4.6	2.5	817.26

表1–19 荞麦"3414"肥料田间试验小区产量统计表

试验编号	处理	施肥量（kg/亩）			产量（kg/亩）
		N	P_2O_5	K_2O	
1	$N_0P_0K_0$	0	0	0	48.81
2	$N_0P_2K_2$	0	9.2	5	50.97
3	$N_1P_2K_2$	6.25	9.2	5	66.00
4	$N_2P_0K_2$	12.5	0	5	83.97
5	$N_2P_1K_2$	12.5	4.6	5	106.32
6	$N_2P_2K_2$	12.5	9.2	5	118.53
7	$N_2P_3K_2$	12.5	13.8	5	107.55
8	$N_2P_2K_0$	12.5	9.2	0	107.88
9	$N_2P_2K_1$	12.5	9.2	2.5	120.87
10	$N_2P_2K_3$	12.5	9.2	7.5	93.70
11	$N_3P_2K_2$	18.75	9.2	5	121.93
12	$N_1P_1K_2$	6.25	4.6	5	80.77
13	$N_1P_2K_1$	6.25	9.2	2.5	83.10
14	$N_2P_1K_1$	12.5	4.6	2.5	91.58

表1–20 水稻"3414"肥料田间试验小区产量统计表

试验编号	处理	施肥量（kg/亩）			产量（kg/亩）
		N	P_2O_5	K_2O	
1	$N_0P_0K_0$	0	0	0	300.49
2	$N_0P_2K_2$	0	9.2	5	302.83
3	$N_1P_2K_2$	6.25	9.2	5	500.66

续表

试验编号	处理	施肥量（kg/亩）			产量（kg/亩）
		N	P_2O_5	K_2O	
4	$N_2P_0K_2$	12.5	0	5	492.12
5	$N_2P_1K_2$	12.5	4.6	5	520.12
6	$N_2P_2K_2$	12.5	9.2	5	557.50
7	$N_2P_3K_2$	12.5	13.8	5	520.00
8	$N_2P_2K_0$	12.5	9.2	0	491.31
9	$N_2P_2K_1$	12.5	9.2	2.5	532.86
10	$N_2P_2K_3$	12.5	9.2	7.5	550.66
11	$N_3P_2K_2$	18.75	9.2	5	518.21
12	$N_1P_1K_2$	6.25	4.6	5	502.37
13	$N_1P_2K_1$	6.25	9.2	2.5	479.37
14	$N_2P_1K_1$	12.5	4.6	2.5	530.83

表1-21 红干椒"3414"肥料田间试验小区产量统计表

试验编号	处理	施肥量（kg/亩）			产量（kg/亩）
		N	P_2O_5	K_2O	
1	$N_0P_0K_0$	0	0	0	209.56
2	$N_0P_2K_2$	0	9.2	5	237.66
3	$N_1P_2K_2$	6.25	9.2	5	351.73
4	$N_2P_0K_2$	12.5	0	5	378.48
5	$N_2P_1K_2$	12.5	4.6	5	409.92
6	$N_2P_2K_2$	12.5	9.2	5	406.78
7	$N_2P_3K_2$	12.5	13.8	5	408.03
8	$N_2P_2K_0$	12.5	9.2	0	375.13
9	$N_2P_2K_1$	12.5	9.2	2.5	397.66
10	$N_2P_2K_3$	12.5	9.2	7.5	386.85
11	$N_3P_2K_2$	18.75	9.2	5	380.84
12	$N_1P_1K_2$	6.25	4.6	5	329.09
13	$N_1P_2K_1$	6.25	9.2	2.5	340.71
14	$N_2P_1K_1$	12.5	4.6	2.5	378.57

表1-22 蓖麻"3414"肥料田间试验小区产量统计表

试验编号	处理	施肥量（kg/亩）			产量（kg/亩）
		N	P_2O_5	K_2O	
1	$N_0P_0K_0$	0	0	0	159.62
2	$N_0P_2K_2$	0	9.2	5	120.97
3	$N_1P_2K_2$	6.25	9.2	5	192.59
4	$N_2P_0K_2$	12.5	0	5	130.02
5	$N_2P_1K_2$	12.5	4.6	5	174.73
6	$N_2P_2K_2$	12.5	9.2	5	185.81

续表

试验编号	处理	施肥量（kg/亩）			产量（kg/亩）
		N	P₂O₅	K₂O	
7	N₂P₃K₂	12.5	13.8	5	150.52
8	N₂P₂K₀	12.5	9.2	0	183.39
9	N₂P₂K₁	12.5	9.2	2.5	190.95
10	N₂P₂K₃	12.5	9.2	7.5	183.73
11	N₃P₂K₂	18.75	9.2	5	191.88
12	N₁P₁K₂	6.25	4.6	5	185.03
13	N₁P₂K₁	6.25	9.2	2.5	168.33
14	N₂P₁K₁	12.5	4.6	2.5	179.04

表1-23 不同作物产量最高时氮、磷、钾三因素编码值

作 物	Y	N	P₂O₅	K₂O
玉米	895.72	2.43	2.79	1.32
荞麦	158.39	3.00	2.99	0.07
水稻	558.13	2.09	1.86	2.24
红干椒	409.58	2.25	3.00	2.15
蓖麻	193.77	1.99	1.69	1.61

表1-24 主要作物肥料配方

土类	作物名称	肥料配方
草甸土	玉 米	18∶11∶6
	红干椒	11∶13∶6
褐 土	荞 麦	15∶10∶10
栗褐土		
风沙土	水 稻	17∶12∶7
	蓖 麻	15∶15∶8

为检验配方的效果，减少大面积应用的风险，对不同作物在空白区、常规区和配方区的产量构成因素进行了调查。结果表明，各种作物的产量构成因素均以配方区表现最好，常规区次之，空白区最差，详细结果见表1-25至表1-29。

表1-25 玉米产量构成因素

处理区	玉米穗数（穗）	穗粒数（粒）	千粒重（g）	穗长（cm）	秃尖（cm）	穗围（cm）	干/鲜（%）	出籽率（%）	亩产（kg/亩）
空白区	3932.4	355.1	368.8	18.15	0.4	14.7	57.34	88.57	514.9
常规区	4093.1	462.0	378.3	18.53	0.25	15.43	62.53	87.83	715.3
配方区	4107.5	517.5	383.7	20.47	0.19	16.27	62.64	88.54	815.6

表1-26　荞麦产量构成

处理区	收获株数（万株/亩）	株粒数（粒/株）	千粒重（g）	平均产量（kg/亩）
空白区	3.90	80	18.60	58.07
常规区	4.41	96	18.44	78.33
配方区	4.74	101	19.12	91.57

表1-27　水稻产量构成因素

处理区	产量（kg/亩）	穗数（穗/m²）	穗粒数	结实率（%）	千粒重（g）
空白区	277.02	210.3	80.8	86.14	24.45
常规区	412.58	295.7	86.4	88.9	24.21
配方区	485.67	325.7	89.7	91.12	24.93

表1-28　红干椒常量构成因素

处理区	亩株数	单株坐果数	平均单果重（g）	亩产量（kg）
空白区	4600	20	3.15	289.80
常规区	4600	22	3.23	326.88
配方区	4600	24	3.33	367.63

表1-29　蓖麻产量

处理区	产量（kg/亩）
空白区	87.91
常规区	120.83
配方区	171.19

（六）农学参数统计分析

1. 单位产量养分吸收量。

单位作物养分吸收量=完全肥区作物养分吸收量/完全肥区作物经济产量，不同生态类型区各个作物单位产量养分吸收量见表1-30。

表1-30　作物单位产量吸收量统计表

作物种类	土壤类型	百千克籽实吸收量（kg）		
		氮	磷	钾
玉　米	草甸土	2.76	0.87	2.17
红干椒		0.55	0.13	0.86
荞　麦	栗褐土 褐　土	3.31	1.63	4.22
水　稻	风沙土	2.46	1.14	2.65
蓖　麻		6.27	1.65	6.25

百千克籽实吸收量数据表明,蓖麻的氮、磷、钾百千克吸收量均最高,红干椒的氮、磷、钾百千克吸收量均最低。

2. 养分校正系数。

为了修正土壤养分的供应能力,根据公式:土壤养分校正系数=无肥区作物养分吸收量/土壤养分测定值,计算了不同土壤类型各个作物的养分校正系数,详见表1-31。

表1-31　土壤养分校正系数统计表

土壤类型	作物	土壤养分含量			氮校正系数	磷校正系数	钾校正系数
		碱解氮(mg/kg)	有效磷(mg/kg)	速效钾(mg/kg)			
草甸土	玉米	75.32	9.59	172.36	0.51	0.75	0.45
	红干椒	80.65	23.53	132.33	0.56	0.70	0.40
风沙土	蓖麻	52.38	5.63	124	0.48	0.72	0.42
	水稻	128.65	22.53	176.86	0.58	0.78	0.50
褐土	荞麦	34.43	4.78	105.23	0.35	0.48	0.22

3. 肥料利用率。

肥料利用率=(完全肥区作物养分吸收量-无肥区作物养分吸收量)/施肥量。不同土壤类型各个作物肥料利用率见表1-32,其中,氮肥利用率最高的作物为红干椒,达37.4%;磷肥利用率最高的作物为水稻,达18.6%;钾肥利用率最高的作物为玉米,达45.6%。与常规区相比,氮肥利用率平均提高4.0%,磷肥利用率平均提高4.4%,钾肥利用率平均提高3.4%。

表1-32　不同土壤类型各个作物肥料利用率

作物名称	土类	肥料利用率(%)		
		氮	磷	钾
玉米	草甸土	34.1	18.2	45.6
红干椒	草甸土	37.4	16.6	39.6
水稻	风沙土	28.5	18.6	42.3
蓖麻	风沙土	27.3	16.7	36.5
荞麦	褐土	30.5	17.6	38.7
	栗褐土			

4. 增产率。

不同土壤类型各个作物肥料增产率见表1-33,玉米、红干椒、蓖麻、水稻、荞麦分别增产100.3kg/亩、62.25kg/亩、8.02kg/亩、51.54kg/亩、39.86kg/亩。肥料增产率最高的为荞麦,达33.63%;最低的为蓖麻,仅为5.58%。

表1-33 不同地区不同土壤类型各个作物肥料增产率

作物名称	土类	配方区产量（kg/亩）	实际产量（kg/亩）	肥料增产率（%）
玉米	草甸土	815.6	715.3	14.02
红干椒	草甸土	424.55	362.3	17.18
蓖麻	风沙土	157.57	149.55	5.36
水稻	风沙土	413.89	362.35	14.22
荞麦	褐土 栗褐土	158.39	118.53	33.63

5. 土壤贡献率。

土壤贡献率＝无肥区作物产量/完全肥区作物产量，土壤养分贡献率见表1-34，最高的为玉米，达60.52%；最低的为蓖麻，达48.34%。

表1-34 土壤贡献率

作物名称	土类	$N_0P_0K_0$	$N_2P_2K_2$	土壤贡献率（%）	化肥贡献率（%）
玉米	草甸土	507.03	837.73	60.52	39.48
红干椒	草甸土	266.26	424.54	62.72	37.28
荞麦	栗褐土	65.60	121.39	54.04	45.96
荞麦	褐土	53.35	96.60	55.23	44.77
水稻	风沙土	260.13	530.14	49.10	50.90
蓖麻	风沙土	86.42	178.79	48.34	51.66

（七）玉米农田土壤及植株营养诊断的丰缺指标体系

1. 测试结果。

测试结果见表1-35、表1-36、表1-37。

表1-35 各生育期硝态氮含量

生育期	试验点	取样点	处理1	处理2	处理3	处理4	处理5	处理6	处理7	处理8
播种前	2011大沁他拉	0~30	14	11	11	26	15	26	7	10
		30~60	27	7	11	18	15	23	10	12
	2011白音他拉	0~30	31	25	34	19	18	12	17	14
		30~60	28	15	11	21	19	15	14	9
	2011义隆永	0~30	7	8	11	23	9	9	12	25
		30~60	8	7	12	8	8	11	10	23
	2010大沁他拉	0~30	45	20	35	32	31	35	25	27
		30~60	43	22	21	32	33	31	25	32
	2010白音他拉	0~30	20	16	14	16	17	21	20	12
		30~60	11	9	10	13	8	11	20	8
	2010义隆永	0~30	20	21	75	16	14	18	10	13
		30~60	12	24	49	17	21	10	10	12

续表

生育期	试验点	取样点	处理1	处理2	处理3	处理4	处理5	处理6	处理7	处理8
拔节期	2011大沁他拉	0~30	18	17	24	52	51	29	47	67
		30~60	8	9	10	18	20	32	13	33
	2011白音他拉	0~30	42	20	39	35	45	36	33	33
		30~60	31	17	27	27	49	22	27	29
	2011义隆永	0~30	9	11	13	36	25	29	52	63
		30~60	35	29	15	35	28	42	44	48
	2010大沁他拉	0~30	59	51	48	63	38	56	74	51
		30~60	41	35	34	42	43	42	74	32
	2010白音他拉	0~30	17	23	13	14	22	22	19	19
		30~60	12	16	16	15	17	16	19	12
	2010义隆永	0~30	41	58	60	52	29	46	35	37
		30~60	24	23	50	31	36	25	35	36
大喇叭口期	2011大沁他拉	0~30	5	5	5	9	12	5	9	13
		30~60	5	5	5	8	40	5	8	17
	2011白音他拉	0~30	7	6	11	5	5	7	7	22
		30~60	5	5	10	7	5	5	6	17
	2011义隆永	0~30	7	14	9	29	5	5	8	53
		30~60	6	14	8	6	8	7	13	112
	2010大沁他拉	0~30	18	18	28	22	24	36	25	34
		30~60	14	13	32	14	13	17	25	38
	2010白音他拉	0~30	9	9	12	11	83	10	13	12
		30~60	8	10	9	8	8	7	13	12
	2010义隆永	0~30	13	24	46	61	32	22	37	31
		30~60	9	20	37	12	39	29	37	20
抽穗期	2011大沁他拉	0~30	6	7	14	13	11	18	24	20
		30~60	7	19	6	8	10	9	21	8
	2011白音他拉	0~30	5	33	20	16	35	23	37	9
		30~60	17	11	16	30	18	12	14	12
	2011义隆永	0~30	13	13	18	38	15	26	37	61
		30~60	9	6	7	15	14	15	29	68
	2010大沁他拉	0~30	32	44	37	38	60	68	40	25
		30~60	43	38	52	35	65	62	40	33
	2010白音他拉	0~30	11	9	14	11	12	13	15	9
		30~60	16	13	15	12	13	14	15	11
	2010义隆永	0~30	51	23	64	35	37	36	15	28
		30~60	57	13	65	29	26	19	15	26

续表

生育期	试验点	取样点	处理1	处理2	处理3	处理4	处理5	处理6	处理7	处理8
灌浆期	2011大沁他拉	0~30	8	11	7	14	13	8	17	9
		30~60	6	6	9	8	15	13	6	13
	2011白音他拉	0~30	15	8	13	7	11	8	11	14
		30~60	11	7	11	10	13	7	13	12
	2011义隆永	0~30	22	21	18	95	19	11	19	20
		30~60	14	13	16	26	24	16	12	10
	2010大沁他拉	0~30	9	11	9	15	51	10	12	30
		30~60	8	9	8	11	29	10	12	27
	2010白音他拉	0~30	10	10	12	8	10	8	8	9
		30~60	9	8	12	10	11	7	8	8
	2010义隆永	0~30	43	21	72	55	12	9	16	12
		30~60	31	13	61	48	16	11	16	8
成熟期	2011大沁他拉	0~30	6	7	5	9	19	14	10	13
		30~60	5	5	20	33	63	69	62	45
	2011白音他拉	0~30	13	6	9	10	6	7	7	5
		30~60	5	5	5	6	9	5	6	5
	2011义隆永	0~30	8	7	13	6	5	13	5	14
		30~60	5	5	6	7	7	7	6	8
	2010大沁他拉	0~30	29	21	33	31	23	22	35	44
		30~60	14	7	29	12	11	8	35	13
	2010白音他拉	0~30	6	6	5	6	5	5	6	6
		30~60	6	6	6	7	5	5	6	7
	2010义隆永	0~30	39	25	71	26	19	21	10	20
		30~60	37	24	94	27	31	17	10	13

表1-36 玉米叶片SPAD读数记录

试验地点	年度	2011年		2010年			
	处理号	拔节期SPAD均值	大喇叭口期SPAD均值	拔节期SPAD均值	室内植株测试值	大喇叭口期SPAD均值	室内植株测试值
大沁他拉镇	1	51.8	46.1	43.8	20.2	53.9	14.8
	2	52.3	51.7	44.1	21.0	55.3	17.0
	3	54.2	53.5	44.5	19.8	54.3	16.9
	4	56.2	57.4	46.5	23.9	54.9	18.7
	5	57.2	55.7	43.8	21.0	55.3	19.1
	6	56.2	55.5	44.1	22.3	55.8	19.5
	7	53.8	54.8	44.5	20.2	55.3	18.0
	8	54.1	56	46.5	25.3	55.7	20.3

续表

试验地点	年度	2011年		2010年			
	处理号	拔节期SPAD均值	大喇叭口期SPAD均值	拔节期SPAD均值	室内植株测试值	大喇叭口期SPAD均值	室内植株测试值
白音他拉	1	53.8	49	38.1	15.7	34.9	8.8
	2	53.4	44.4	37.8	15.7	43.0	8.7
	3	54.4	55.7	39.3	16.1	47.7	13.2
	4	55.1	54.5	40.8	18.3	47.2	11.3
	5	54.7	55.1	38.1	15.2	39.2	10.9
	6	54.5	54.3	38.9	14.9	45.3	13.3
	7	53.4	54.3	39.8	16.8	50.0	8.1
	8	51.7	54	38.0	16.5	48.1	13.8
义隆永镇	1	45.1	38.8	49.5	22.3	48.7	12.8
	2	41.9	42.3	48.0	27.0	50.6	15.8
	3	47.7	42.4	48.9	26.7	50.7	11.5
	4	48.6	44.9	48.3	24.5	51.4	16.1
	5	50	46.1	47.8	25.8	50.6	13.5
	6	51	47.5	46.8	23.7	53.9	14.0
	7	50.5	50.3	47.5	19.8	49.4	11.6
	8	52.9	50.8	48.0	29.6	50.7	12.8

表1-37 产量结果表

2011年大沁他拉镇   单位：kg/亩

项 目		处理1	处理2	处理3	处理4	处理5	处理6	处理7	处理8
小区产量	重复Ⅰ	28.42	31.78	35.7	36.12	37.24	36.82	37.1	35.0
	重复Ⅱ	29.12	31.22	36.4	36.82	36.68	37.52	37.8	35.7
	重复Ⅲ	27.86	32.48	35.14	35.56	31.78	36.26	36.54	34.4
小区平均产量		28.46	31.8	35.7	36.16	35.23	36.86	37.15	35
折合亩产		678.1	758.2	851.5	861.5	839.3	878.2	884.9	834.9

2011年白音他拉镇   单位：kg/亩

项 目		处理1	处理2	处理3	处理4	处理5	处理6	处理7	处理8
小区产量	重复Ⅰ	28.42	29.12	31.5	33.04	34.3	35.22	36.68	36.4
	重复Ⅱ	27.86	29.82	32.2	33.74	33.74	35.92	37.38	35.84
	重复Ⅲ	29.12	28.56	30.94	32.48	35	34.66	36.12	37.1
小区平均产量		28.46	29.16	31.54	33.1	34.34	35.26	36.7	36.44
折合亩产		678.1	694.8	751.5	788.2	818.2	878.2	874.9	868.2

2011年义隆永镇　　　　　　　　　　　　　　　　　　　　　　　　　　　　　　　　单位：kg/亩

项　　目		处理1	处理2	处理3	处理4	处理5	处理6	处理7	处理8
小区产量	重复Ⅰ	26.88	27.86	28.42	30.24	32.48	33.74	31.36	31.78
	重复Ⅱ	27.58	28.56	27.86	30.94	33.18	33.18	32.06	32.48
	重复Ⅲ	26.32	27.3	29.12	29.68	31.92	34.44	30.8	31.22
小区平均产量		26.92	27.9	28.46	30.28	32.5	33.78	31.4	31.82
折合亩产		641.4	664.8	678.1	721.5	774.8	804.8	748.2	758.2

2010年大沁他拉镇　　　　　　　　　　　　　　　　　　　　　　　　　　　　　　　单位：kg/亩

项　　目		处理1	处理2	处理3	处理4	处理5	处理6	处理7	处理8
小区产量	重复Ⅰ	17.92	21.28	22.68	23.52	33.04	33.6	28.56	28.28
	重复Ⅱ	19.60	25.76	22.12	26.32	36.96	30.24	35	27.16
	重复Ⅲ	20.44	21	29.12	28.28	29.12	34.44	30.52	26.04
小区平均产量		19.32	22.68	24.64	26.04	33.04	32.76	31.36	27.16
折合亩产		460.2	540.3	587.0	620.3	787.1	780.4	747.0	647.0

2010年白音他拉镇　　　　　　　　　　　　　　　　　　　　　　　　　　　　　　　单位：kg/亩

项　　目		处理1	处理2	处理3	处理4	处理5	处理6	处理7	处理8
小区产量	重复Ⅰ	11.48	14.56	14.28	15.68	20.72	18.76	17.08	19.04
	重复Ⅱ	10.92	15.4	16.52	17.08	21.56	19.88	18.48	20.16
	重复Ⅲ	12.88	14.56	15.4	15.96	19.04	20.16	19.04	19.6
小区平均产量		11.76	14.84	15.4	16.24	20.44	19.6	18.2	19.6
折合亩产		280.1	353.5	366.9	386.9	486.9	466.9	433.6	466.9

2010年义隆永镇　　　　　　　　　　　　　　　　　　　　　　　　　　　　　　　　单位：kg/亩

项　　目		处理1	处理2	处理3	处理4	处理5	处理6	处理7	处理8
小区产量	重复Ⅰ	13.44	15.96	18.2	20.16	22.12	23.52	24.08	22.40
	重复Ⅱ	14.28	19.88	21.28	21.56	23.52	25.48	22.68	20.44
	重复Ⅲ	15.12	17.92	17.64	20.44	24.92	23.52	24.64	24.36
小区平均产量		14.28	17.92	19.04	20.72	23.52	24.17	23.8	22.4
折合亩产		340.2	426.9	453.6	493.6	560.3	573.6	567.0	533.6

2. 确定土壤硝态氮的丰缺指标。

统计分析各处理之间以及同一处理不同生育期土壤硝态氮的变化趋势、土壤硝态氮含量与玉米产量的相关关系，确定硝态氮的丰缺指标。

（1）各处理之间及同一处理不同生育期土壤硝态氮的变化趋势（见图1-3至图1-8）。

测试结果表明：在试验条件下，土壤硝态氮含量随着施肥量的增加总体呈递增趋势，施肥量越大，土壤硝态氮测试结果越大；同一处理不同时期土壤硝态氮测试结果不同，大喇叭口期较低，拔节期和抽穗期土壤硝态氮测试结果增加，成熟期土壤硝态氮测试结果呈降低趋势。

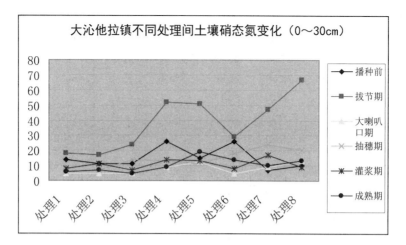

图1-3　大沁他拉镇不同处理间土壤硝态氮变化（0~30cm）

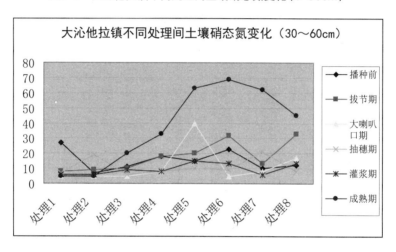

图1-4　大沁他拉镇不同处理间土壤硝态氮变化（30~60cm）

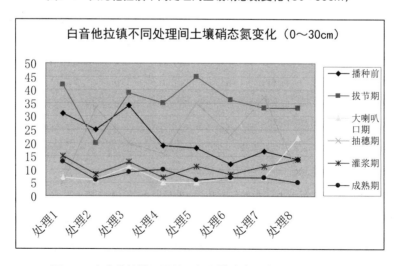

图1-5　白音他拉镇不同处理间土壤硝态氮变化（0~30cm）

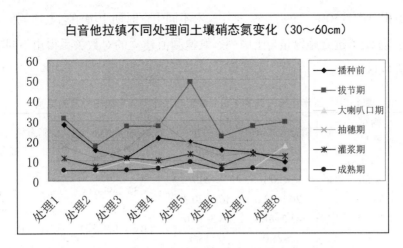

图1-6 白音他拉镇不同处理间土壤硝态氮变化（30~60cm）

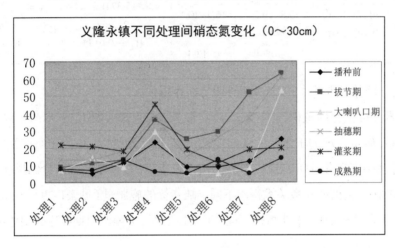

图1-7 义隆永镇不同处理间土壤硝态氮变化（0~30cm）

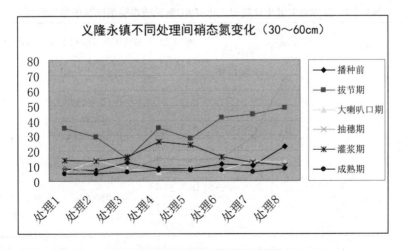

图1-8 义隆永镇不同处理间土壤硝态氮变化（30~60cm）

（2）按照相对产量50%、75%、95%划分玉米不同生育时期土壤硝态氮速测值丰缺指标，按玉米测产产量结果建立施氮量与土壤硝态氮速测值建立的对数关系得出不同丰缺指标的施肥量（见表1-38）。

表1-38　玉米作物关键生育期土壤硝态氮速测值丰缺指标及施氮量

作物	关键生育期	相对产量（%）	丰缺程度	销态氮测试值丰缺指标	施氮量（kg/亩）	硝态氮与相对产量拟合方程	硝态氮与最佳施氮量拟合方程
玉米	拔节期	<50	极低	<20.1	>20.7	$y = 32.239Ln(x) - 43.673$（$R_2 = 0.9237$）	$y = -5.3107Ln(x) + 36.664$（$R_2 = 0.975$）
		50~75	低	20.1~43.6	16.6~20.7		
		75~95	中	43.6~81.0	13.3~16.6		
		>95	高	>81.0	0~13.3		
	大喇叭期	<50	极低	<5.8	>20.1	$y = 15.374Ln(x) + 22.962$（$R_2 = 0.9135$）	$y = -2.2915Ln(x) + 24.119$（$R_2 = 0.716$）
		50~75	低	5.8~29.5	16.4~20.1		
		75~95	中	29.5~108.4	13.4~16.4		
		>95	高	>108.4	0~13.4		

（3）确定合理的玉米叶片SPAD诊断时期与临界指标。

通过玉米关键生育期植株速测指标，建立最新展开叶SPAD值与玉米产量以及植株含氮量的相关关系，确定合理的玉米叶片SPAD诊断时期与临界指标。按照相对产量50%、75%、95%划分各作物不同生育时期下倒二叶SPAD值丰缺指标，按玉米测产产量结果建立施氮量与植株倒二叶SPAD测定值的对数关系得出不同丰缺指标的施肥量（见表1-39）。由表1-39可以看出，玉米不同生育期SPAD值丰缺指标不同。玉米拔节期、大喇叭口期叶片SPAD值临界值分别为67、66。

表1-39　各作物关键生育期倒二叶SPAD测试值丰缺指标及最佳施氮量

作物	关键生育期	样本数	相对产量（%）	丰缺程度	叶片SPAD测试值丰缺指标	施氮量（kg/亩）	SPAD值与相对产量拟合方程	SPAD值与最佳施氮量拟合方程
玉米	拔节期	3	<50	极低	<35.2	>20.0	$y = 67.549Ln(x) - 189.95$（$R_2 = 0.7683$）	$y = -6.1318Ln(x) + 41.818$（$R_2 = 0.318$）
			50~75	低	35.2~50.6	17.7~20.0		
			75~95	中	50.6~67.3	16.0~17.7		
			>95	高	>67.3	0~16.0		
	大喇叭期	3	<50	极低	<31.5	>23.4	$y = 60.736Ln(x) - 159.54$（$R_2 = 0.6881$）	$y = -11.518Ln(x) + 63.144$（$R_2 = 0.8544$）
			50~75	低	31.5~47.5	18.7~23.4		
			75~95	中	47.5~66.1	14.9~18.7		
			>95	高	>66.1	0~14.9		

第三节　养分平衡法和养分丰缺指标法

肥料最高产量用量或最佳经济用量的确定方法主要包括土壤养分丰缺指标法、养分平衡法、植株测试推荐施肥方法和肥料效应函数法。它们都是首先确定氮磷钾养分的用量，然后确定相应的肥料组合，指导农民使用。

一、土壤养分丰缺指标法

就是通过土壤养分测试结果和田间肥效试验结果，建立不同作物、不同区域的土壤养分丰缺指标，提供肥料配方。

土壤养分丰缺指标田间试验也可采用"3414"部分实施方案。"3414"方案中的处理1为无肥区（CK），处理6为氮磷钾区（NPK），处理2、4、8为缺素区（即PK、NK和NP）。收获后计算产量，用缺素区产量占全肥区产量百分数即相对产量的高低来表达土壤养分的丰缺情况。相对产量低于65%的土壤养分为极低，低于65%~75%为低，75%~90%为中，90%~95%为高，大于95%为极高，从而确定出适用于某一区域、某种作物的土壤养分丰缺指标及对应的施用肥料数量。对该区域其他田块，通过土壤养分测定，就可以了解土壤养分的丰缺情况，提出相应的推荐施肥量。

二、养分平衡法

就是根据作物目标产量需肥量与土壤供肥量之差估算目标产量的施肥量，通过施肥补足土壤供应不足的那部分养分。施肥量的计算公式为：

$$施肥量（kg/亩）=\frac{目标产量所需养分总量-土壤供肥量}{肥料中养分含量×肥料当季利用率}$$

养分平衡法涉及目标产量、作物需肥量、土壤供肥量、肥料利用率和肥料中有效养分含量五大参数。土壤供肥量即为"3414"方案中处理1的作物养分吸收量。目标产量确定后因土壤供肥量的确定方法不同，形成了地力差减法和土壤有效养分校正系数法两种。

地力差减法是根据作物目标产量与基础产量之差来计算施肥量的一种方法。其计算公式为：

$$施肥量（kg/亩）=\frac{（目标产量-基础产量）×单位经济产量养分吸收量}{肥料中养分含量×肥料利用率}$$

基础产量即为"3414"方案中处理1的产量。

土壤有效养分校正系数是通过测定土壤有效养分含量来计算施肥量。其计算公式为：

$$施肥量（kg/亩）=\frac{作物养分产量养分吸收量×目标产量-土壤测试值×0.15×有效养分校正系数}{肥料中养分含量×肥料利用率}$$

——目标产量

目标产量可采用平均单产法来确定。平均单产法是利用施肥区前3年平均单产和年递增率为基础确定目标产量，其计算公式是：

$$目标产量（kg）=（1+递增率）×前3年平均亩产$$

一般粮食作物的递增率以10%~15%为宜，露地蔬菜一般为20%左右，设施蔬菜为30%左右。

——作物需肥量

通过对正常成熟的农作物全株养分的化学分析，测定各种作物百千克经济产量所需养分量（常见作物平均百千克经济产量吸收的养分量），即可获得作物需肥量。

$$作物目标产量所需养分量（kg）=\frac{目标产量（kg）}{100}×百千克产量所需养分量$$

——土壤供肥量

土壤供肥量可以通过测定基础产量、土壤有效养分校正系数两种方法估算。

通过基础产量估算（处理1产量）：不施养分区作物所吸收的养分量作为土壤供肥量。

$$土壤供肥量（kg）=\frac{不施养分区农作物产量（kg）}{100}×百千克产量所需养分量$$

通过土壤有效养分校正系数估算：将土壤有效养分测定值乘上一个校正系数，以表达土壤"真实"供肥量。该系数称为土壤有效养分校正系数。

$$校正系数（\%）=\frac{缺素区作物地上部分吸收该元素量（kg/亩）}{该元素土壤测定值（mg/kg）×0.15}$$

——肥量利用率

一般通过差减法来计算：利用施肥区作物吸收的养分量减去不施肥区农作物吸收的养分量，其差值视为肥量供应的养分量，再除以所用肥料养分量就是肥料利用率。

$$肥料利用率（\%）=\frac{施肥区农作物吸收养分量（kg/亩）-缺素区农作物吸收养分量（kg/亩）}{肥料施用量（kg/亩）×肥料中养分含量（\%）}×100\%$$

上述公式以计算氮肥利用率为例来进一步说明。

施肥区（NPK区）农作物吸收养分量（kg/亩）："3414"方案中处理6的作物总吸氮量；

缺氮区（PK区）农作物吸收养分量（kg/亩）："3414"方案中处理2的作物总吸氮量；

肥料施用量（kg/亩）：施用的氮肥肥料用量；

肥料中养分含量（%）：施用的氮肥肥料所标明的含氮量。

如果同时使用了不同品种的氮肥，应计算所用的不同氮肥品种的总氮量。

——肥料养分含量

供施肥料包括无机肥料与有机肥料。无机肥料、商品有机肥料含量按其标明量，不明养分含量的有机肥料，其养分含量可参照当地不同类型有机肥养分平均含量获得。

三、土壤、植株测试推荐施肥方法

该技术综合了目标产量法、养分丰缺指标法和作物营养诊断法的优点。对于大田作物，在综合考虑有机肥、作物秸秆应用和管理措施的基础上，根据氮磷钾和中微量元素养分的不同特征，采用不同的养分优化调控与管理策略。其中，氮素推荐根据土壤供氮状况和作物需氮量，进行实时动态监测和精确调控，包括基肥和追肥的调控；磷钾肥通过土壤测试和养分平衡进行监控；中微量元素采用因缺补缺的矫正施肥策略。该技术包括氮素实时监控、磷钾养分恒量监控和中微量元素养分矫正施肥技术。

（一）氮素实时监控施肥技术

根据目标产量确定作物需氮量，以需氮量的30%~60%作为基肥用量。具体基施比例根据土壤全氮含量，同时参照当地丰缺指标来确定。一般在全氮含量偏低时，采用需氮量的50%~60%作为基肥；在全氮含量居中时，采用需氮量的40%~50%作为基肥；在全氮含量偏高时，采用需氮量的30%~40%作为基肥。30%~60%基肥比例可根据上述方法确定，并通过"3414"田间试验进行校验，建立当地不同作物的施肥指标体系。有条件的地区可在播种前对0~20cm土壤无机氮（硝态氮）进行监测，调节基肥用量。

$$基肥用量（kg/亩）= \frac{（目标产量需氮量 - 土壤无机氮）×（30\%~60\%）}{肥料中养分含量×肥料当季利用率}$$

其中：土壤无机氮（kg/亩）＝土壤无机氮测试值（mg/kg）×0.15×校正系数

氮肥追肥用量推荐以作物关键生育期的营养状况诊断或土壤硝态氮的测试为依据，这是实现氮肥准确推荐的关键环节，也是控制过量施氮或施氮不足、提高氮肥利用率和减少损失的重要措施。测试项目主要是土壤全氮、土壤硝态氮。此外，小麦可以通过诊断拔节期茎基部硝酸盐浓度、玉米最新展开叶叶脉中部硝酸盐浓度来了解作物氮素情况,水稻则采用叶色卡或叶绿素进行叶色诊断。

(二)磷钾养分恒量监控施肥技术

根据土壤有(速)效磷钾含量水平,以土壤有(速)效磷钾养分不成为实现目标产量的限制因子为前提,通过土壤测试和养分平衡监控,使土壤有(速)效磷钾含量保持在一定范围内。对于磷肥,基本思路是根据土壤有效磷测试结果和养分丰缺指标进行分级,当有效磷水平处在中等偏上时,可以将目标产量需要量(只包括带出田块的收获物)的100%~110%作为当季磷用量;随着有效磷含量的增加,需要减少磷用量,直至不施;而随着有效磷的降低,需要适当增加磷用量,在极缺磷的土壤上,可以施到需要量的150%~200%。在2~3年后再次测土时,根据土壤有效磷和产量的变化再对磷肥用量进行调整。钾肥监控首先需要确定施用钾肥是否有效,再参照上面方法确定钾肥用量,但需要考虑有机肥和秸秆还田带入的钾量。一般大田作物磷钾肥料全部做基肥。

(三)中微量元素养分矫正施肥技术

中微量元素养分的含量变幅大,作物对其需要量也各不相同。这主要与土壤特性(尤其是母质)、作物种类和产量水平等有关。通过土壤测试评价土壤中微量元素养分的丰缺状况,进行有针对性的因缺补缺的矫正施肥。

第二章　肥料在现代农业的应用概况

肥料是农作物的"粮食",是重要的农业生产资料之一,在我国农业生产中起着重要的作用。一是提高作物产量,解决温饱问题。据联合国粮农组织(FAO)调查统计,化肥的平均增产效果为40%~60%。二是改善作物品质,提高生活水平。通过合理施肥,可以有效地改善作物品质,如适量施用钾肥,可明显提高蔬菜、瓜果中糖分和维生素含量,降低硝酸盐含量;适量施用钙肥,可以防治白菜、芹菜的腐心病(烧心病),番茄、辣椒的脐腐病等。三是保障耕地质量,促进可持续发展。通过合理施肥,补充作物吸收带走的养分,保护耕地质量。四是使作物生长茂盛,提高了地面覆盖率,减缓或防止水土流失,维护地表水域、水体不受污染。

在农业生产中,农民购买肥料投入占全部农资投入的50%左右,肥料的施用也并非越多越好,过量或不合理施用肥料,不仅会增加农业成本,降低效益,而且会污染生态环境,导致人体健康受到威胁。如氮肥过量施用,可能导致抗病虫、抗倒伏能力下降,作物产量下降,引起农产品,尤其是食品中硝酸盐的富集;氮素的淋失会对地表水和地下水产生环境污染;氨的挥发和反硝化脱氮会对大气环境产生污染。

肥料是以提供植物养分为其主要功效的物料。它分为有机肥料、无机肥料和生物肥料(菌肥)。有机肥料主要来源于植物和动物,施于土壤以提供植物营养为其主要功效的含碳物质。包括经沤制、处理的生活垃圾,家禽家畜粪便,植物残体等。特点是:①含养分全面;②含有大量有机质;③肥效稳定长久;④种类多、数量大、来源广、成本低;⑤养分含量低,施用量大,积造、施用不便。无机肥料为矿质肥料,也叫化学肥料,简称化肥。它是由提取、物理或化学工业方法制成的,标明的养分呈无机盐形式的肥料。包括单一肥料和复合(混)肥料。它具有成分单纯,含有效成分高,易溶于水,分解快,易被根系吸收等特点,故称"速效性肥料"。有机肥料是天然形成的,无机肥料是人为形成的。生物肥料即微生物(细菌)肥料,简称菌肥。它是由具有特殊效能的微生物经过发酵制成的,施入土壤后或能固定空气中氮素,或能活化土壤中养分改善作物营养环境,或产生活性物质刺激作物生长的特定微生物制品。生物肥料与化学肥料、有机肥料一样,是农业生产中的重要肥源。

合理施肥和经济用肥,做到化肥与有机肥料配合施用,使肥料在农业生产中发挥更大的作用和效益。

第一节 肥料的概念

从定义上讲，凡以提供给植物生长所需养分为主要功效的物料都称为肥料。因此广义上讲，凡是施于土中或喷洒于作物地上部分，能直接或间接供给作物养分，增加作物产量，改善产品品质或能改良土壤性状，培肥地力的物质，都叫肥料。直接供给作物必需营养的那些肥料称为直接肥料，如氮肥、磷肥、钾肥、微量元素和复合肥料都属于这一类。而另一些主要是为了改善土壤物理性质、化学性质和生物性质，从而改善作物的生长条件的肥料称为间接肥料，如石灰、石膏和细菌肥料等就属于这一类。肥料的主要作用就是供给植物（作物）养分，提高产量和品质，培肥地力，改良土壤理化性能，是农业生产的物质基础。

肥料有哪些种类？

按化学成分分：有机肥料、无机肥料、有机无机肥料；按养分分：单质肥料、复混（合）肥料（多养分肥料）；按肥效作用方式分：速效肥料、缓效肥料；按肥料物理状况分：固体肥料、液体肥料、气体肥料；按肥料的化学性质分：碱性肥料、酸性肥料、中性肥料。

第二节 肥料与现代农业的发展

现代农业是国家现代化的基础和支撑。现代农业发展状况如何，很大程度上决定着一个国家整个现代化的进程。环顾当今世界，发达国家大多是现代农业水平较高的国家，而农业落后的国家，则很少迈入现代化国家行列。无论与过去相比，还是与世界其他国家相比，中国今天现代农业取得了明显成效，举世公认。但是，与在国民经济中基础地位要求相比，我国农业的脆弱性仍然明显；与飞速行进着的城镇化和工业化相比，我国现代农业相对滞后的矛盾仍然十分突出；与人们生活水平提高对现代农业期待相比，仍然存在着落差；与世界先进国家相比，我国现代农业的潜力仍然巨大。

现代农业的主要特点是劳动生产率有了明显提高，一个劳动力生产的农产品，可以满足几个或几十个人的需求。大家通常认为，这都是使用了农业机械的结果。其实，这个结论有待商讨。农业机械化程度的提高，固然能使每个劳动力耕种更多的土地，极大地提高了劳动生产率，但要在单位面积耕地上收获更多的农产品，最迅捷的办法则是增加肥料施用量，保证养分供应全面及时。不同历史阶段的农业生产，都会有一种或几种新肥源，并赋予其丰富的施肥内容以促进农业生产。刀耕火种时代，人们在播种的土地上将植物烧成灰肥，这是最早的，也是最原始的肥源与施肥方法。随着家畜的驯养和畜牧业的发展，人们从残留粪便的土地上收获了好庄稼，由此总结了使用粪肥的经验，至今"粪"字仍然是当代大多数国家用以代表肥料的一个词。以后随着宜垦地的减少和土地轮休制的扩大，要求更快更好地恢复地力，又发现了像苜蓿、草木樨等豆科绿肥，能更好地恢复地力，使后茬作物的产量提高，豆科植物又成了很好的肥源。但是，灰肥、粪肥和绿肥的数量，均不能充分满足农作物对养分的需求，使得农作物产量的提升受到较大的限制。因为人们开垦荒地种植农作物，其实是利用荒地长期积累的自然肥力。荒地一旦变为耕地，就必须依靠每年施肥以维持地力。而每年从耕地上收获的农产品，经人、畜利用后，只有其废弃物、副产品（秸秆、粪便等）还田，如耕地连年种植，甚至一年种植多季农作物，则这些有机废弃物还田，显然不足以维持其不断消耗的地力。因而人们只能轮作休耕或轮种绿肥牧草以维持地力，耕地上种植的作物单产自然受到限制。19世纪中叶以后，植物生理学和农业化学的快速发展，使人们逐渐认识到可以用无机养分，即化肥来归还土壤，用以增加农产品。到了20世纪初，大规模合成氨方法的问世，化肥工业的发展与日俱增。

土壤肥力是地球生命中能量和物质交流的库容。肥沃的土壤能持续协调地提供农作物生长所需的各种土壤肥力因素，保持农产品产量与质量的稳定与提高，因此，肥料是现代农业可持续发展的重要基础。目前我国大多数地方仍然沿用精耕细作的小农经营模式，尤其是在一些不发达地区。随着科学技术的高度发展及市场经济的深入发展，特别是中国加入WTO后以及近几年农业科技的进步和发展应用，其经营的不灵活性、低效性等种种限制已经越来越不能适应激烈的市场竞争，造成很多经营者放弃务农成为城市劳动力。这种经营模式的缺点：一是不能准确预测市场经济的变化而及时改变生产的品种和数量。小农经营模式经营者往往只能注意到眼前利益，根据目前市场行情来决定生产什么，产品单一，结构往往不合理。这样盲目的大量生产，产品的市场容易饱和，导致价格下降，收获不到好的收益。二是个体经营使土地资源分散，不能大规模使用现代农业生产技术和机械工具，技术粗糙不足以调节各种不利因素从而达到稳产，化肥、农药的不合理使用使得农产品的质量不高，造成生产效率低下，资源利用率低，市场竞争力弱。

在科学技术高速发展的今天，现代农业的本质也就是农业的科学技术化。近年来，我国肥料产业发展非常迅速，肥料品种不断增加，新型肥料层出不穷。新型肥料伴随有机、绿色生态、可持续发展农业孕育而生并茁壮成长，其作用和内涵早已为人们所认可，并在不断外延深化完善中。新型肥料的主要作用是：能够直接或间接地为作物提供必需的营养成分；调节土壤酸碱度，改良土壤结构，改善土壤理化性质和生物学性质；调节或改善作物的生长机制，提高作物的抗病虫、抗旱涝、抗早衰等抗逆性；改善肥料品质和性质，提高肥料利用率；改善和提高产品品质和产量；产品符合有机、生态、绿色农业的质量标准要求，是农业可持续发展的重要保证。

近年来，新型肥料市场份额和影响力越来越大，之所以新型肥料发展迅速，主要是符合了以下几方面需求：一是新型肥料符合现代农业生产发展的需求。土地流转、集约化种植、无公害乃至有机农产品的生产都需要节约劳动成本，减少化肥使用，增加有机和生物肥使用。因此，缓控释肥、有机肥、生物肥和适合大面积喷滴灌使用的液体肥都有广阔的发展空间。二是新型肥料的发展符合作物生长的需求。相比于传统意义的氮磷钾肥料，新型肥料更加注重作物平衡施肥和均衡营养，注重中微量元素和其他营养物质的全面补充。三是新型肥料的发展符合国家节约资源、保护生态、实现可持续发展的战略需求。在传统农业生产模式下，对水资源和矿产资源的需求比较高。在水资源和矿产资源日益匮乏的情况下，提高水肥的利用率显得尤为重要。缓控释肥和水肥一体化技术的推广就很好地解决了这一问题。新型肥料这一朝阳产业的兴起，不但前景广阔，而且对农业高产、高效、优质、生态、环保有着重要意义。新型肥料是针对传统肥料而言的，传统肥料一般包括有机肥料、化学肥料和生物肥料。新型肥料是在有机农业、生态农业、可持续发展农业、精准农业的大气候下孕育、生长、发展起来的，目前还没有一个统一的能被广为接受的定义。新型肥料研发的内容主要有生物有机—无机复混肥、缓/控释长效肥、生物有机肥、氨基酸/腐殖酸肥、中微量元素肥、叶面肥、掺混肥、生长调节剂等。

农业可持续发展有三大目标：一是粮食安全可持续，即谷物基本自给、口粮绝对安全。二是农民增收可持续，2014年农民人均纯收入仍比城镇居民低1.89万元。三是资源环境可持续。农业可持续发展战略的提出源于农业连年增产增收，生产力水平迈上新台阶，农业科技进步贡献率超过56%，财政支出的规模也在增长，这无一不体现了我国已具备发展农业可持续道路的条件。此外，资源约束加剧、生态环境亮起"红灯"，这两个"紧箍咒"均倒逼农业走可持续发展道路。过度施肥在造成资源浪费的同时，也给土壤和大气带来污染。国家积极倡导科学施肥，国家农业部提出到2020年化肥使用量零增长的目标，这在一定程度上使得国内化肥需求增长驱动不足，传统耕作方式难以为继，市场需求增速相应放缓。目前我国的智能化农业技术已经达到较高水平，能够做到生产过程机械化、智能化。尤其是近几年，物联网、移动互联网、云计算技术的快速发展带动了农业的蓬勃发展。新型的智能农业控制系统在已有的农业基础上，把快捷、安全的农业工作很好地融进人性化的高科技管理模式，不仅可以实现设备和设备之间的控制，还可以实现人为的远程控制，由控制系统对农业设备和安防等设备进行异地监视和控制，为人们营造出更美好的生活环境。智能农业的发展目标应以转变农业发展方式，提高农业规模化、产业化、标准化、集约化、信息化水平为目标，构建以物联网技术装备为基础、高新科技为支撑、现代经营为特征，劳动生产率高、土地产出率高、综合效益高的现代农业产业体系，引领农业现代化率先发展。

第三节　肥料在生产中的作用

中国是一个人口众多的国家，粮食生产在农业生产的发展中占有重要的位置。通常增加粮食产量的途径是扩大耕地面积或提高单位面积产量。根据中国国情，继续扩大耕地面积的潜力已不大，虽然中国尚有许多未开垦的土地，但大多存在投资多、难度大的问题。这就决定了中国粮食增产必须走提高单位面积产量的途径。

施肥不仅能提高土壤肥力，而且也是提高作物单位面积产量的重要措施。土壤养分是土壤肥力最重要的物质基础，肥料则是土壤养分的主要来源，因而也是农业可持续发展的重要物质基础之一。据国内外著名的农业专家学者们在全面分析了20世纪全球农业发展的各相关因素之后断言，全世界粮食产量增加的一半来自肥料的施用。联合国粮农组织的统计也表明，在提高单产方面，肥料对增产的贡献额为40%~60%。从中国现代科学储备和生产条件出发可以预见，中国肥料对增产的贡献额的比例在50%左右。合理施肥不仅能够增加农作物的产量，而且能够改善农产品的品质，提高农产品的贮藏效果以及商品价值，并能改良与培肥土壤。在未来农业中，肥料在提高产量与品质方面仍会继续发挥积极作用。在农业生产中作用主要体现在以下几个方面：

一、改进施肥方法，提高肥料利用率

深施氮肥，主要是指铵态氮肥和尿素肥料。据农业部统计，在保持作物相同产量的情况下，深施节肥的效果显著；氮铵的深施可提高利用率31%~32%，尿素可提高5%~12.7%，硫铵可提高18.9%~22.5%。磷肥按照旱重水轻的原则集中施用，可以提高磷肥的利用率，并能减少对土壤的污染。还可施用生石灰，调节土壤氧化–还原电位等方法降低植物对重金属元素的吸收和积累，还可以采用翻耕、客土深翻和换土等方法减少土壤重金属和有害元素。

二、增加作物产量

通过对通辽市2000—2011年统计数据分析，由图2-1可见，通辽市化肥施用总量由2000年的10.59万吨持续增长到2011年的53.24万吨，化肥施用强度（单位播种面积所施化肥量）由2000年的109.85kg/hm^{2}增长到2011年的395.35kg/hm^2，高于全国平均335.3kg/hm^2（2010年）的水平，远远超过发达国家公认的225kg/hm^{2}上限。

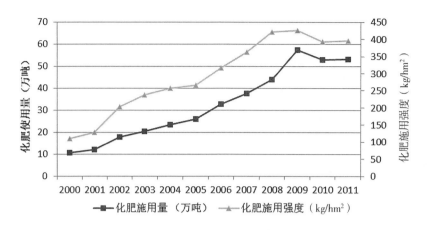

图2-1　全市化肥施用量与施用强度

由图2-2可知, 2000—2011年, 全市粮食产量年均增长率为7.5%, 而化肥施用总量的年均增长率为15.8%, 化肥施用强度(单位播种面积所施化肥量)的年均增长率为12.3%, 表明随着化肥使用总量和化肥施用强度的逐年持续增加, 全市粮食产量也随之连续获得高产。

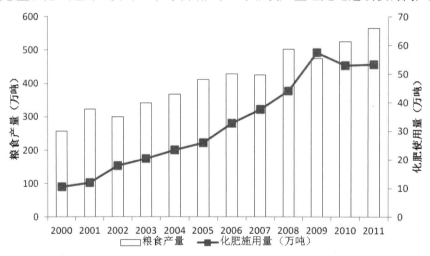

图2-2　2000—2011年全市粮食产量与化肥使用量

由表2-1、图2-3可知, 2000—2011年年间, 全市氮肥、磷肥、钾肥、复合肥的施用量均呈上升趋势, 其中氮肥的施用总量和净增量最大, 2011年达到22.51万吨。而复合肥的增幅最大, 达28.4%。其次为钾肥。这说明随着测土配方施肥技术的不断普及, 全市施肥结构趋于合理。

表2-1　2000—2011年全市化肥用量统计表 (折纯, 万吨)

年份	化肥施用总量	氮肥	磷肥	钾肥	复合肥
2000	10.59	6.13	2.53	0.91	1.03
2001	12.01	6.66	2.84	0.91	1.61
2002	17.85	8.64	3.87	1.84	3.50
2003	20.38	10.12	4.51	2.35	3.40

续表

年份	化肥施用总量	氮肥	磷肥	钾肥	复合肥
2004	23.50	11.11	5.21	2.64	4.55
2005	25.97	12.02	5.63	3.42	4.90
2006	32.66	13.80	6.79	3.77	8.30
2007	37.58	15.77	7.46	6.24	8.11
2008	43.98	18.46	7.56	4.45	13.50
2009	57.45	24.75	10.34	5.22	17.14
2010	52.98	21.22	10.57	5.33	15.83
2011	53.24	22.51	9.42	5.23	16.03
年均增长率	15.8	12.6	12.7	17.3	28.4

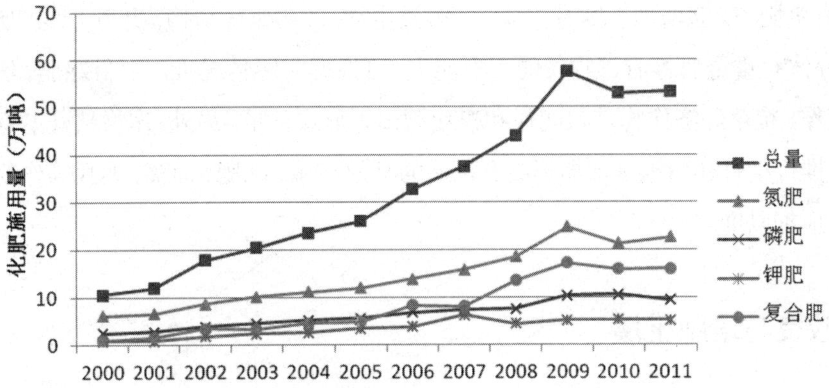

图2-3 2000—2011年全市化肥使用量变化曲线

三、普及配方施肥，促进养分平衡

根据作物需肥规律、土壤供肥性能与肥料效应，在以有机肥为主的条件下，产前提出施用各种肥料的适宜用量和比例及相应的施肥方法。推广配方施肥技术可以确定施肥量、施肥种类、施肥时期，有利于土壤养分的平衡供应，减少化肥的浪费，避免对土壤环境造成污染。

四、增加施肥量，补偿耕地不足

生产实践表明，增加施肥量能提高单位面积作物产量，收获更多的农产品。因此，增加农作物肥料施用量，其效果与扩大耕地面积基本相似。所以，地处人多地少的区域，无一不是借助增加投肥量以谋求提高作物单产，弥补其耕地的不足。例如，人多地少的日本、荷兰两国通过增加肥料投入量，其施肥量是美国、前苏联的3~5倍，而其粮食单产量则达到美国、前苏联的2~3倍，使其耕地面积相对增加60%~227%。显然，如能将这种认识变成全社会的强烈意识，进而成为国策，将对我国今后的农业生产产生重大影响。近年来我国将测土配方施肥项目作为一项强农惠农的技术性补贴，从项目起步、巩固到技术普及和配方肥推广，实现了阶段性跨越和实质性进展。通过测土配方施肥技术，适期施肥、适量施肥、合理追肥等措施，提高化肥使用效率，农业节本增效，减少环境污染。另外，通过增施有机肥、种植绿肥、秸秆还田、少耕、免耕、合理轮作等方法，使土壤中的有效氮、有效磷、有效钾以及微量元素均有显著增加，提高土壤肥力，使得耕地地力有明显提升。

五、增施有机肥，改善理化性质

施用有机肥，能够增加土壤有机质、土壤微生物，改善土壤结构，提高土壤的吸收容量，增加土壤胶体对重金属等有毒物质的吸附能力。可根据实际情况推广豆科绿肥，实行引草入田、草田轮作、粮草经济作物带状间作和根茬肥田等形式种植。另外，作物秸秆本身含有较丰富的养分，推行秸秆还田也是增加土壤有机质的有效措施，绿肥、油菜、大豆等作物秸秆还田前景较好，应加以推广。

六、改良与培肥土壤

每年每季投入农田的肥料，在当季作物收获后，都有相当数量残留于土壤中，一部分经由不同途径继续损失，大部分则可供第二季、第二年，以及往后种植的作物持续利用，这就是易被人们忽视的肥料后效。连续多年合理施肥的结果，肥料后效将叠加，土壤有效养分含量将增加，促进作物单产不断提高，耕地的肥力不但能保持，而且可能越种越肥。

什么是土壤肥力？教科书上有多种定义性描述，如组成土壤肥力的因子有"水、肥、气、热"或"水、养、气、热、光、磁"等。也有人认为，土壤肥力就是"土壤生产力"，能长好庄稼、多打粮食的就是肥地；反之，就是瘦地或肥力低的地。因此，威廉斯对土壤肥力的最基本描述"土壤能同时地、最大限度地满足作物对水分和养分需求的能力"，仍应是最精确和经典的定义。这一定义是否比"水、肥（养）、气、热"要求低，不完整？比"水、养、气、温、光、磁"更原始？并非如此。因为，单位面积土壤能接受到的光能、大气温度的高低、空气的组成等，均受到地理位置（如纬度）、大气环流、季节变换以及所处生态环境的影响。只有作物每时每刻需要的水分和养分存在于一定环境下土壤孔隙中，作物根系能在其中正常伸展，充分地吸收到所需要的水分和养分，作物就能很好地生长发育，就能取得高产。土壤空气与水分都存在于土壤孔隙中，互相联系、互为消长，两者体积相加等于土壤孔隙总体积的两个因子。水多则气少，水少则气多，如果一种土壤能满足作物的水分要求，说明这种土壤的空气状态良好，作物需要的一氧化碳及其与环境的气体变换，主要由地上部叶子去完成。如果该土壤同时又能满足其对各种养分的要求，说明该种土壤的温度（热量）也较适宜，因为温度影响土壤微生物的活性、有机质的分解及相应的速效养分含量。因此土壤肥力的基本因子应是直接影响作物生育好坏的水分和养分供应能力，即生产力。其他都是派生因子或受大气环境影响的因子。

使用含多种有机质的有机肥的主要目的就是为了在不断转化和不断更新的条件下，维持和提高土壤中有机物质的数量和组成的表观平衡。这里需要强调：一方面，有机物质只能由绿色植物的地上部利用光能合成，有机物合成后，即面临降解与转化，增施化肥恰恰是通过绿色植物提高有机物质合成量的重要手段。作物产量越高，单位耕地面积上收获的农产品越多，残留土壤中的根茬等有机物也越多。有的可达到地上部产量的1/3左右，相应的微生物活动也愈旺盛。另一方面，化肥施入土壤后也能被微生物直接利用。微生物的代谢以及化肥直接与土壤中的有机物及其降解的中间产物结合成新的有机物（如微生物体内的有机酸与吸入的氨结合生成氨基酸）等过程，都能使土壤中的有机物质不断代谢更新保持甚至提高有机质含量，减缓有机质的消亡。

七、应用硝化抑制剂，缓解土壤污染

硝化抑制剂又称氮肥增效剂，能够抑制土壤中铵态氮转化成亚硝态氮和硝态氮，提高化肥的肥效和减少土壤污染。据河北省农科院土肥所贾树龙研究，施用氮肥增效剂后，氮肥的损失可减少20%~30%。由于硝化细菌的活性受到抑制，铵态氮的硝化变缓，使氮素较长时间以铵的形式存在，减少了对土壤的污染。

八、发挥良种潜力

现代作物育种的一个基本目标是培育能吸收和利用大量肥料养分的作物新品种，以增加产量，改善品质。因此，高产品种可以认为是对肥料的高效应用品种。实质上高产品种是能吸收利用更多的养分，并将其转化为产量的品种。例如，以德国和印度各自的小麦良种与地方种相比，每100kg产量所吸收的养分量基本相同，但良种的单位面积养分吸收量是常规种的2~2.8倍，单产是常规种的2.14~2.73倍。

肥料投入水平是良种良法栽培的一项核心措施。肥料投入量的差异也常是甲地的良种至乙地种植可能显不出优势，或此一时的良种常难以在彼一时发挥潜力的一个重要原因。

第四节　目前施肥中存在的问题

化肥是农业生产的基本投入之一。施用化肥不论是在发达国家还是在发展中国家都是农业生产中增产最快、最有效和最重要的措施。但由于在施用中存在一些问题，有的化肥能获得显著的增产效果，有的就达不到预期的效果，有的甚至造成危害，可谓是增加了投资却减了产。那么，在现实农业生产中化肥施用主要存在哪些问题？

一、农业生产中存在的施肥误区

由于有些农民朋友不了解化肥的性质，在施肥量、施肥方法、施肥时间等方面存在较多误区，容易出现因施肥不当而造成施肥后肥效差、见效慢，甚至植株死亡的现象。这就给农民朋友造成了"同样都施肥，为什么人家的农作物长得又好又壮？用肥量不比他小，但就是没他的地高产"的印象。从根本上分析原因：一方面是肥料肥用量过多或缺乏，施用时期、技术或品种与土壤类型不匹配；二是肥料在土壤中转化、淋失、侵蚀、挥发等原因造成了肥料中的养分损失，致使化肥利用率低，甚至给农作物造成了肥害而导致减产减收。所以，为避免施用化肥事与愿违，施肥和追肥时应走出十六大误区。

误区一： 重氮磷肥，轻钾肥。钾元素，被誉为"品质元素"、"保健元素"。增施钾肥，可明显增强作物的抗逆、抗病能力，提高作物的品质和产量。从玉米长期定位试验中可以观察到，不施用钾肥的地块，上午不到10：00，玉米叶片就开始打蔫，但此时农田土壤并不缺水，也不干旱，这个现象就是由于植物缺钾造成的。

为什么植物缺钾会表现萎蔫现象？植物叶片背面有许多气孔，气孔的作用是吸收二氧化碳（CO_2）气体、营养液，还能控制植物的水分，干旱时气孔关闭，以免水分蒸腾损失。钾的生理功能之一是能调节气孔的开闭，控制CO_2气体和水分的进出，缺钾时气孔不能正常开闭。由于气孔开闭控制失调，导致水分的损失，蒸腾速度加快而导致植物叶片或植株出现萎蔫现象。钾能调节气孔开闭的这种功能，在作物生产中特别重要，可以影响水分的利用率。施用钾肥能使植物经济用水，有利于抗旱。

施用钾肥与植物抗寒性也有一定关系，缺钾时植物抗寒能力下降。举个例子，冬天在0℃的时候放在屋外面的一缸水是会结冰的，而放一缸腌菜的汤却不会结冰。这是怎么回事呢？由于它具有冰点下降的特点，也就是盐水比清水有抗寒性。回过头来说钾，钾以离子的形态存在植物的组织和细胞内。由于提高了根细胞的盐分含量，导致植物组织冰点下降，从而提高其抗寒性。同时,钾离子又提高了细胞的渗透势。

而部分农户施肥单一,忽视钾元素的使用,在施肥时往往只重视施用氮肥(碳铵、尿素)或氮磷肥(二铵),而轻视钾肥,这是不科学的。过量用氮肥,易引起作物营养生长过旺而影响其生殖生长,造成枝繁叶茂、花少果稀及"瓜不香、果不甜"的现象。连年施用二铵,容易造成土壤中磷的富集,制约作物对其他养分的吸收,还会造成土壤退化。不懂"最小养分"的科学道理,结果是钾肥不足,其他肥再多也于事无补。微量元素跟不上,影响了大量元素的吸收利用,导致农产品品质下降。

误区二: 农作物出现缺肥现象后,再施肥。

肥料施入土壤后,需要一定时间才能被作物吸收利用,因此作物出现缺肥症状后再施肥,会造成作物缺肥时间加长而减产。如水田需要3~5天后才能被作物吸收利用,在旱地一般需要5~7天后才能被吸收利用,所以,施肥工作应根据农作物需肥特性以及光、温、水、施肥方法等因素来确定施肥时间。水田提前5~7天施肥,旱地提前8~10天施肥。同时,农作物的养分吸收也与光、温、水、施肥方法(如干施、淋施、根外追肥等)有关。光照强、温度高、水分足则加快作物养分的吸收,相反,则吸收放缓。根外追肥因养分直接被叶片吸收,所以见效快,可迟施,但浓度要低,以防损伤叶片。淋施可使肥料直接渗入植株根部,见效较快,也可适当迟施。干施肥效慢,应早施。

误区三: 看别人,随大流。

在农技指导过程中,经常听到农民说:"××今年用的肥料效果挺好,明年我也用。"其实肥料在田间表现得好与坏,不仅与肥料本身品质有密切的关系,而且还与肥料品种的选择、施用方法及各种养分之间的合理搭配也密切相关。所谓合理施肥就是根据土壤条件、作物本身的营养特点进行施肥。看别人,随大流,既不科学也不正确。怎样科学正确的选择肥料呢?需要把握以下几条用肥技巧:

1. 针对土壤特性选择肥料。

中国南北土壤差异很大,南方地区的红壤、砖红壤、黄壤、黄棕壤、棕壤呈酸性或微酸性,磷肥宜用偏碱性的钙镁磷肥;北方土壤黑钙土、栗钙土、灰钙土、褐土等多呈碱性,磷肥宜用偏酸性的过磷酸钙;连续施肥多年的大棚、老菜田也逐步酸化,且钙镁缺乏,磷肥宜选用碱性钙镁磷肥、磷矿粉等,既可调节土壤酸度,又可供应钙镁元素;有盐渍化特征的碱土、盐土,尤其是滨海盐土,宜施用磷石膏,钾肥宜选用硫酸钾。

2. 针对植物营养特性选择肥料。

一般蔬菜是喜硝态氮的作物,氮肥宜选用硝酸铵、硝酸钙等;鳞茎类蔬菜对硫的需要量较大,宜选用含硫较多的肥料,如过磷酸钙、硫酸镁、硫酸钾等;十字花科的蔬菜对硼的需要量较大,宜选用含硼较多的硼酸、硼砂等;鲜食性的瓜菜如西瓜、甜瓜以及茶叶等对氯毒害敏感，不宜选用氯化铵、氯化钾等含氯化肥；大白菜、番茄等易出现缺钙症状（干烧心、蒂腐病），宜用含有钙较多的过磷酸钙和硝酸钙；水果、茶叶需要大量的有机肥。

3. 针对作物生育期选择肥料。

种肥选用中性高浓度的复合肥料，拌种肥一般选择专用性强的肥料；基肥可选用低浓度肥料，也可选用高浓度复合肥料；追肥多选用高浓度速效化肥如尿素、磷酸二铵、磷酸二氢钾等；灌溉施肥及叶面喷肥时，要选用高浓度、易溶解、残渣少的肥料，如尿素、硝酸铵、磷酸二氢钾及种类繁多的叶面肥等。

4. 选择合理的施肥方法。

蔬菜中硝酸盐含量与蔬菜种类、品种、不同部位有关，又与施肥技术和环境条件有关。在育种方面，把低硝酸盐含量作为育种目标之一是有意义的；在施肥技术与环境条件方面，蔬菜中硝酸盐含量与土壤中氮的浓度和氮的种类等有密切关系，土壤中氮浓度越高，蔬菜中硝酸盐含量越高，尤其在后期。所以，施用氮肥宜早，且不宜过多。

误区四：忽视中微量元素的施用。

近年来，由于土壤连年耕作，造成中微量元素的缺乏症表现越来越突出，已经严重影响作物的产量和品质。作物对中微量元素需求量很小，但是如果不足，易引起一些生理性病害。如缺钙，引起苹果苦痘病，西红柿、辣椒的脐腐病，白菜的干烧心。缺硼引起"花而不实"，苹果的缩果病。缺锌引起黄叶病、小叶病。因此，建议重视施用中微量元素，小肥可生大效。因此，应根据植株的生长特性决定施肥的种类和数量，在施足氮、磷、钾等大量元素的同时，配合施用铁、锰、锌、硼等多种微量元素，以保证作物正常生长发育。施用微肥的注意事项：

1. 作物对微量元素养分的反应。例如，油菜对缺硼很敏感，施硼肥效果很好。

2. 土壤供应微量元素的能力。例如，土壤碱性会降低铁、硼、锰、铜、锌的有效性，而钼的有效性却有所提高。在酸性土壤上，土壤的酸性会增加铁、锰、铜、锌的有效性，而钼的有效性却比较低。所以，施用微肥时应有针对性。

3. 与大量元素肥料配合施用。微量营养元素只有在满足作物对大量营养元素需求的基础上，才会有良好的肥效。

叶面喷施微肥有哪些技术要求呢？

1. 叶面喷施多元复合微肥，比喷施单一微肥效果好。目前农田土壤由于多种原因，缺乏微量元素的面积越来越多，甚至缺乏几种微量元素。

2. 一般应在作物开花前后喷施，有利于作物对微肥的吸收利用。苗期叶片小，土地覆盖面积不大，不少溶液喷到土壤表面，往往喷施效果差。

3. 遇烈日和雨天不适宜叶面喷施。最佳时间应选择在无露水的早晨9~10点前或傍晚4时以后进行。总之，肥料溶液在叶片表面停留时间越长，效果就越好。

误区五: 只要施入肥料,就会有肥效。

施肥的肥效与土壤特性、作物养分吸收特点、肥料养分释放特性以及水、气、热等诸多条件有关,如果没有充分考虑各种因素的影响,则极易造成养分流失、缺肥等现象的发生。沙质土肥效快,但流失也快,因此,应根据少施、多次施的原则进行。黏壤土肥效慢,应施足基肥,早施追肥。钾肥易溶性好,但流失也快,因此,应根据作物的需钾特性及时施肥。有机肥、磷肥肥效慢,流失也少,应早施。碳铵挥发性强,可与有机肥或磷肥堆沤1~2天后施肥,可减少养分的散失。

误区六: 磷酸二铵随水浇施。

磷酸二铵是一种以磷为主的氮、磷二元复合肥,若随水浇施,肥料易滞留在地表,造成氮素挥发,磷素留在土壤表层,不能被作物根系吸收。利用磷酸二铵做追肥时,采取开沟深施,施肥深度10cm左右,施后及时覆土并浇水。

误区七: 有机肥未经过无害化处理就施用。

常用有机肥包括人或动物的粪尿肥、堆沤肥、绿肥、饼肥等,一般用做基肥。有机肥是作物矿质营养的直接来源,能够给作物提供持续的全营养,是长效肥料。但有机肥在施用前一定要经过处理,否则会产生一些问题。如鸡粪,它的氮是以尿酸或尿酸盐的状态存在,这种盐类不但不能被作物吸收利用,而且还危害作物根系的生长发育。因此,以鸡粪做肥料要先堆积腐熟,使尿酸盐转化。再者,鸡粪属热性肥料,在分解过程中会产生大量的热,所以要先堆积发酵,使热量得到释放。如果直接施用,它会在土壤中发酵放热,则会烧种、烧根、烧苗。另外,发酵腐熟,还可以杀死鸡粪中的有害菌,并将一些大分子难吸收的物质转化为易被作物吸收的小分子物质,同时杀死一些虫卵及杂草种子。

误区八: 选肥时重含量轻形态。

买肥料时,花一样的钱,肯定选养分含量高的。但养分含量不是决定肥效的唯一因素,养分形态同等重要。例如,氮肥有酰铵态、铵态、硝态氮等形态。酰铵态氮肥(如尿素)肥效慢。铵态氮肥不易淋失,但易挥发,肥效较慢,但肥效长。硝态氮肥作物易吸收,见效快,肥效短,不易挥发浪费,利用率高,但易淋失。同样,选择磷肥也要看水溶性磷、枸溶性磷的含量和比例,钾肥要分清硫酸钾和氯化钾,硫酸钾是天然钾肥还是由氯化钾脱氯而成等等。

总之,选购底肥时,建议购买尿基长效复混(合)肥,或者购买同时含有铵态氮和硝态氮的速效加长效的复混(合)肥。选购追肥时,建议购买含硝态氮的复混(合)肥。

误区九: 在蔬菜上直接施用人粪尿。

人粪尿中往往含有多种病原菌和寄生虫卵,如果未经腐熟等无害化处理,直接在蔬菜上施用,会使蔬菜受到污染,食用后影响人体健康。因此人粪尿要先进行无害化处理,如加盖沤制、密封堆积、药物消毒等,然后再在蔬菜上施用。

误区十: 盲目采用"一炮轰"施肥方法。

一次性施肥必须掌握施肥技术和施肥方法,盲目采用一次性施肥方法,必然导致减产减收。例如坡耕地、漏水漏肥地块,采用一次性施肥,易造成肥料流失,导致后期脱肥。土壤肥沃的地块,采取一次性施肥,前期氮肥供应量过大,会导致前期作物徒长,后期倒伏。在非干旱地区有两种情况不适合采用"一炮轰"或"一次施"施肥法。一种情况是生长期长的作物,如春玉米就不适合采用这种施肥法。另一种情况是在雨量适中或有灌水条件的地区,也不应该图省事而采用"一炮轰"的施肥法。这样做会使大量肥料有可能随降雨或灌水而流失一部分养分,难以充分发挥肥效。正确的做法是:高产地区,土壤肥力较高,应推行基肥加追肥的施肥模式;一般中产田,土壤肥力中等,可采用基肥、种肥和追肥三结合的施肥模式。

有灌水条件的地区应强调分期追肥。总的来说,在作物生长过程中营养最大效率期一般都是在作物生长旺盛时期,这个时期作物需要吸收很多的养分,而合理追肥正是调节作物对养分最大需要和土壤供应养分不足之间矛盾的一个重要手段。但是化学氮肥一次施用不宜过多,以免作物生长过旺和造成养分流失,因此应提倡分期追肥。实践证明,分期追肥的效果一般都比一次性追肥效果好,这是因为分期追肥可以发挥养分的接力作用,避免氮素养分流失,降低肥效,从而对作物增产有利。当然,分期追肥的次数不是越多越好,这要根据具体苗情和作物生长特性来考虑。

误区十一: 含氮肥料地表撒施。

含氮肥料撒施地表,肥料易挥发、流失或难以到达作物根部,不利于作物吸收,造成肥料利用率低。因此,施肥时应根据植株的地上部生长情况及地下部根系生长情况确定施肥位置,确保施肥效果。因此,含氮肥料要采用穴施或沟施方式施用,然后覆土,才能最大限度地保证利用率和效果。

1. 养分损失大。大量事实表明,氮肥损失的主要途径是铵态氮肥分解后氨的挥发,包括尿素转化后也有氨的挥发,硝态氮肥和尿素的淋失,以及水田反硝化作用所引起的铵态氮损失。要想提高氮肥利用率就应设法防止这三方面的损失。应当指出,表施氮肥施肥方法不当是氮素损失的主要原因。

2. 施肥量过大。氮肥利用率不高,最突出的问题是氮肥施用量过大。根据氮肥利用率的定义是作物吸收来自肥料的氮量占施入肥料氮量的百分数。出此可见,加大氮肥的投入,必然会降低氮肥的利用率。因为作物吸收氮素是有限度的,不可能随施肥量提高而无限增加。其结果是,超出正常需氮量越多,氮肥利用率就越低。

3. 养分配比不当。这是指由于偏施氮肥,而忽视了磷钾肥的投入,使得施肥养分比例不平衡,而不是说土壤养分不平衡。土壤养分不平衡不能满足作物高产的需要,这是绝对的,为此，科学施肥就必须根据作物对养分的需求，针对土壤中养分的丰缺状况，确定合理的养分配比，才能达到配方施肥的目的。养分配比不当也会影响作物对氮肥的吸收利用，致使氮肥利用率不高，这一点往往未引起农民的重视。

误区十二：肥料溶解越快越好。

作物对养分的需要就跟人一样，每天都需要，吸收量也有限。溶解得快，作物吸收不了就会浪费；溶解得慢，满足不了作物需要。所以在一些肥料产品中加入缓释剂，就是为了保证作物对养分的全程需要。但加入缓释剂的化肥不宜作追肥，因为如果养分释放的速度跟不上作物对养分的需求，会出现作物早期脱肥的现象。

误区十三：尿素地表浅施或施后立即大水漫灌。

不仅硝态氮肥施用后不能大水漫灌，而且尿素施用后也不应大水漫灌。因为土壤对尿素的吸附属分子态吸附，其吸附能力比铵态氮肥弱多了。大水漫灌可使尿素下移至较深土层（约40cm）中，从而使尿素不能及时发挥肥效。

尿素是酰胺态氮肥，施入土壤后除少部分直接被作物吸收利用外，大部分是在土壤中脲酶的作用下转化成碳酸铵再供作物吸收，碳酸铵的化学性质很不稳定，容易分解释放出氨。尿素施在地表，也会引起氨的挥发；如果施在石灰性土壤或碱性土壤的表面，氨的挥发更为严重。另外，尿素在转化为碳酸铵之前，不能被土壤吸附，若在施肥后立即大水漫灌，会将尿素淋溶至深层，降低肥效。所以尿素在旱地施用，无论做基肥还是作追肥，都要注意深施盖土，使肥料处在湿润的土层中，以利于尿素的转化和防止转化后氨的挥发；若施肥后土壤墒情不足，可适量浇水，浇水量每亩20~30m³为好，切忌大水漫灌。水田应在灌水前施用，最好深施，施后一般不要急于灌水，需隔3~5天（即转化为碳酸铵后）再灌。

误区十四：人粪尿与草木灰混合存放、堆沤后施用。

在农村，不少农户习惯将草木灰撒在粪坑中，用以吸收尿液，或将人粪尿与草木灰混存。由于草木灰是碱性物质，与人粪尿接触，会加速氨的挥发，增加氮素损失。据试验，草木灰与人粪尿混合（1:1.5）贮存3天，可使氮素损失27.4%，贮存3个月损失85.6%。只有改变人粪尿与草木灰混存混用的错误做法，实行分存分用，才能取得较好的效果。

误区十五：施肥时越靠近植株茎部，肥料越易被吸收。

这是在农村中存在较多的现象，这种施肥方法存在较大的危害。因为植物吸收营养成分的部分是在根毛区，植物茎及根（根毛区除外）吸收营养成分很少或不吸收，施肥时越靠近植株茎部（幼苗期除外），肥料离植株营养吸收部位越远，因此越不容易被吸收。如果施肥过多，浓度过大，还容易出现"烧苗"现象。因此，施肥时应根据植株的地上部生长情况及地下部根系生长情况确定施肥位置，确保施肥效果。有些果农在施肥时同样常将肥料集中施于沟穴中，这是不对的。因为果树在吸收肥料时有两种方式：一是靠自身动力来完成，一是靠土壤溶液渗透来完成。当根系环境的溶液浓度高时就会发生反渗透，出现烧根现象。正确的方法是将有机肥料和土混匀后再施于沟穴内。施用水溶肥料最好是拌土或稀释后再浇灌，或施肥后立即灌水，避免烧根。

误区十六：施肥越多越好。

施肥量过大，虽然有时产量、收入提高了，但因成本过高，实际收益却不高；有时因为只促不控而导致植株营养生长过于旺盛，生殖器官生长发育不足，产量下降，适得其反。因此，应根据作物全生育期的需肥特性、土壤肥力、作物的种植密度等，以供给充足但不浪费的原则，找出最佳施肥方案，充分发挥肥效，增加经济效益。目前盲目施肥的问题各地时有发生，要解决农民盲目施肥问题，必须改变施肥观念。农村中有一种习惯，什么事都按经验办事。我们知道，施肥经验是宝贵的财富，可以参考，但是面对变化了的事物和环境也按老皇历办事，那就成了经验主义，肯定是行不通的。科学施肥是一个极其复杂的问题，凭经验办事很容易犯盲目施肥的错误。

有一些农民施肥不讲究科学，而是喜欢与别人攀比，而且还要加码，人家施30kg我就得施上50kg，这样就容易犯错误，越攀比，施肥的盲目性就越大。说到底，有一种思想在作怪，就是认为"施肥越多越增产"，其实这是一个错误的概念，我们称它为误区，是导致盲目施肥的思想根源。

让农民走出施肥误区，只有靠讲道理才能解决问题。肥料报酬递减律就是告诫人们，施肥要有个"度"，这个"度"就是最高产量的施肥量，也就是施肥的上限，这时的肥料报酬虽然下降到零，但仍是合理施肥的范围；如果施肥超过了这个上限，肥料报酬变成了负数就是盲目施肥，那就进入了不合理施肥区。这就和养鸡一样，饲养到一定时期，就要上市，否则饲料报酬等于负值时就会赔钱了。

除了施肥理论能从主观上解决盲目施肥问题外，农民还应该认识到作物丰产是许多因素综合作用的结果，而施肥供应作物养分只是许多因素中一个重要因素，而不是决定作物产量的唯一的因素，同时还应该正确了解施肥是调节植物营养的重要手段，而不是实现作物丰产的目的。

盲目施肥当然不是农民主观上愿意的，但由于缺少科学知识，往往造成了盲目施肥，从个人讲其后果不仅不能实现高产，反而造成资金的浪费；从环境讲，由于盲目施用氮肥，将会造成环境污染，如氨的挥发造成大气污染，硝酸盐向下层淋失，造成河流的富营养化，甚至使地下水硝酸盐超标，饮用水水质变差，危害人体健康等等。一句话，盲目施肥危害多！总之，要科学平衡施肥，更新施肥观念，按需给肥，实现少投入，多产出，丰产又丰收。

二、生产上不合理施肥造成的主要危害

(一) 偏施问题

我们知道,作物生长发育必需的营养元素有16种,包括大量元素和中微量元素。作物对某种元素无论需要量是大是小,但在 "必需" 这一点上都是同等的,也是不能相互代替的。但在实际生产中,常常有人误解为化肥就是氮肥、磷肥,只要大量施用氮、磷肥就能增产,这是不对的。正确的施肥方法应该是土壤缺什么元素就施含什么元素的肥料。土壤缺氮素,就应补充氮肥,土壤缺钾,就应补充钾肥,不能以磷肥代替钾肥,也不能因为多施氮肥而少施磷肥。总之,当土壤缺乏某些元素时,就应该增施相应的元素肥料,不能以大量元素肥料代替中量或微量元素肥料。

(二) 盲目施用肥料问题

由于化肥在作物增产方面效果非常明显,所以使很多人误解为不论施用什么化肥都一定能增产,这也是施用化肥的一个误区。我们在施肥时,首先要摸清具体条件下哪种养分相对于作物需要相差最多,就先满足这种养分。一般情况下,这种养分常指大量元素(即氮、磷、钾),但并不排斥微量元素成为最小养分的可能性。盲目施肥还表现在施用量上,在生产中,常有很多人不注意研究施肥量与产量的关系,而一味地盲目大量施肥而出现 "增产不增收" 的现象。

(三) 肥料配合问题

化肥与有机肥相结合是农业施肥的重大发展。但是,目前由于农民比较重视眼前利益,化肥具有储存、运输、施用比较方便的特点,增产又较迅速,所以生产中出现偏施、单施化肥而忽视有机肥的现象越来越严重。我国农民长期以来就有积攒和施用有机肥的习惯。有机肥的许多优越性往往是化肥所没有的,它的施用,体现了自然界有限元素的无限利用。有机肥料的施用,也是培肥土壤、建立高产、稳产农田的重要途径。另外应当指出的是,肥料的配合也包括各种化肥间的配合,这种配合方式的增产效果好于单施某种化肥的现象正为大量的试验所证实。

(四) 化肥对土壤的影响问题

有人认为施用化肥会引起土壤板结,肥力下降。这是使用化肥的又一个误区,不能单纯地认定长期施用化肥会引起土壤板结。大量的试验结果表明,只要各种化肥适当配合施用,

不会降低土壤肥力,也不会引起土壤理化性质恶化。总之,在生产实际中,为了经济有效地使用化肥,提高化肥的利用率,获得作物高产、稳产,应该从合理分配和合理施用化肥入手。

第五节　对过量使用化肥危害的思考

我国已是世界上最大的化肥生产国,尽管耕地面积还不到全世界总量的10%,但我国的化肥施用量却接近世界总量的1/3,使用量居全球第四。过量使用化肥给农业生产、人体健康和自然环境都造成了很大的危害。

一、过量使用化肥,到底有哪些危害

1. 过量使用化肥不仅使土壤养分单一、肥力迅速下降,严重影响作物品质,而且污染物流失,破坏了生态环境,因化学物残留,危害人体健康,同时,还进一步加剧了我国能源的短缺,给农民带来严重的收入损失。据抽样调查,我国80%的农户习惯凭传统经验施肥,不考虑各种肥料特性,盲目采用"以水冲肥"、"一炮轰"等简单的施肥方法。全国有1/3农户对作物过量施肥,导致种地投入不断增加,虽然粮食产量增加,但增产不增收的现象越来越严重,导致农产品质量下降。

由于农田大量施用单元素化肥,其养分不能被作物有效吸收利用。氮、磷、钾等一些化学物质易被土壤固结,使各种盐分在土壤中积累,造成土壤养分失调,部分地块的有害重金属含量和有害病菌量超标,导致土壤性状恶化,作物体内部分物质转化合成受阻,使农产品品质降低。超量使用化肥使果蔬生长性状低劣,并且容易腐烂,不易存放。

2. 导致粮食和农产品安全受到威胁。过量使用化肥极易使庄稼倒伏,一旦出现倒伏,就必然导致粮食减产,威胁粮食安全;过量使用化肥还容易发生病虫害,比如使用过量的氮肥,会使庄稼抗病虫害能力减弱,易遭病虫的侵染,继而会增加防虫害的农药用量,直接威胁食品的安全性。

3. 加剧环境污染。过量使用化肥,当肥料量超过土壤的保持能力时,就会迁移至周围的土壤中,形成农业面源污染,使河流、湖泊水体呈富营养化,导致藻类滋生,出现部分河流、湖泊的鱼虾发生死亡的现象。过量的化肥还会渗入20m以内的浅层地下水中,使地下水硝酸盐含量增加,若长期饮用此类水源就会危害人类的身体健康。据统计,中国每年因不合理施肥造成1000多万吨的氮素流失到农田之外,直接经济损失达300亿元。

4. 浪费大量紧缺资源。化肥成本之所以居高不下,是因为生产原料紧缺。如氮肥主要以石油为原料,现在则以煤和天然气为主,这些都是我国紧缺的资源。而且每年化肥生产还要消耗大量高品质的磷矿石,而磷矿石也已被国土资源部列入2010年后的紧缺资源之列。

有数据表明,2004年我国化肥生产消耗约1亿吨标准煤,超过国家能源消耗比重5%;每年化肥生产消耗的高品位磷矿石超过1亿吨,并消耗了我国72%的硫资源。目前,我国每年生产和消费的化肥量超过4500万吨,而全国氮肥利用率仅有30%左右。

二、过量使用化肥的原因

过量使用化肥,使蔬菜、水果的口感和品质变差,而且在土壤和水体中还会残留有害物质。在很多地方,即使增加化肥的投入量,收成也不会提高。调查表明,过量施肥可能与农技推广、受教育程度、化肥质量、自然灾害等有直接的联系。造成农民过量施肥的原因,主要有以下方面:

(一)科技推广工作不到位

农民种田需要科技指导,就需要有农业科技人员来传播科技知识以便其在农业生产中的应用。但农村的许多科技人员先后转行离开了农技推广一线,继续从事农技推广工作的部分人员知识更新较慢,仍存在"多施肥多收成"的老观念;另有一些农技推广工作者兼负农资任务,因而忽视了实际的农业生产而注重农资销售,无形中促使化肥的过量施用。

(二)农民对"高投入高产出"的盲目信任

传统的农业生产使农民一直深信"高投入高产出"的技术理念,从而造成不合理的施用化肥现象。一方面,因为各地的土壤肥力不同,农民对适用的农药标准用量和使用时间不明;另一方面,尽管国家经常开展土壤普查工作,但普查数据多用于科研,很少反馈给基层农民,所以大部分农民不了解施用化肥量对土地肥力的影响,只知道多施肥、多增产,不可避免地出现超量施用化肥的问题。

(三)氮肥行业补贴政策加剧了化肥的过量施用

出于粮食及补贴农业的考虑,政府长期对化肥企业的生产、运输、税收等提供全方位的政策扶持。有资料表明,仅免收增值税一项,就相当于1吨尿素(氮肥的主要品种)获得56元左右的补贴收入,再加上运价、电价、气价等的补贴政策,尿素肥平均补贴160元/吨左右。这在一定程度上鼓励了农民无节制施用氮肥的状况,国家的财政补贴也使得大量化肥企业得以生存。其实,我国目前氮肥产量已经严重过剩。有资料显示,截至2008年年底,全国尿素年产已达5900万吨,过剩900万吨左右。

以上综述,用化肥代替绿肥、人和动物的粪肥,不能使人和动物消耗完农作物以后的营养再返回土壤形成有机循环,使农作物对化肥的依赖性越来越强。这种农业是没有可持续性的,而其对自然环境的破坏是永久性的。

可持续的农业,其核心是使农业适应大自然的规律,与大自然保持可持续性的循环。作为消费者,如果我们能够尽量选择施用传统肥料的生态有机农产品,支持遵循自然规律的农业生产,那么我们就不仅仅是给自己的健康加了一分,也是为保护地球的生态环境尽了一份力。

三、控制过量施用化肥的技术措施

2015年,农业部连续下发文件,为控制过量使用化肥指明方向。1月16日,农业部制定并下发的《2015年种植业工作要点》中提出,要实行化肥减量控害节本增效,推进测土配方施肥,推广新肥料新技术。1月28日,农业部审议并原则通过《化肥使用量零增长行动方案》,提出在化肥方面,要大力推广测土配方施肥、机械化施肥等。2月1日下发的2015年中央一号文件提出"实施耕地质量保护与提升行动"。面对日益恶化的土壤耕地及环境质量,"减施增效"成为发自每一位农业人最心底的声音。但是,"减肥"政策不能空喊号子,需要找准突破口。

过量施用化肥,易造成化肥流失,化肥流失量是衡量化肥污染负荷的主要指标。化肥流失方式主要有两种,即地下淋溶方式和地表径流方式,这两种流失方式都会造成农业面源污染。化肥流失量等于化肥氮肥、磷肥、钾肥和复合肥施用折纯量乘以总排放系数,复合肥折纯量按其所含主要成分(N, P_2O_5, K_2O)折算,以通用型复合肥为主,氮、磷、钾比例为15:15:15。根据相关的对氮和磷肥流失的研究报道,结合通辽市实际情况,流失系数参照国家环保部发布的《第一次全国污染源普查:农业污染源肥料流失系数手册(2010)》和《肥料实用手册》(高祥照),确定通辽市氮肥的流失率为19.8%,磷肥的流失率为7.5%。氮肥无论从施用总量和增幅来看,都是引起化肥面源污染的主要因素。

表2-2　通辽市农田土壤化肥污染负荷量(万吨)

年份	氮肥	磷肥	氮肥流失量	磷肥流失量
2000	6.47	2.87	1.28	0.22
2001	7.19	3.38	1.42	0.25
2002	9.81	5.03	1.94	0.38
2003	11.25	5.64	2.23	0.42
2004	12.62	6.72	2.50	0.50
2005	13.65	7.27	2.70	0.55

续表

年份	氮肥	磷肥	氮肥流失量	磷肥流失量
2006	16.57	9.56	3.28	0.72
2007	18.47	10.17	3.66	0.76
2008	22.96	12.06	4.55	0.90
2009	30.46	16.05	6.03	1.20
2010	26.50	15.84	5.25	1.19
2011	27.85	14.76	5.51	1.11

综上研究表明，通辽市化肥施用总量大，施用强度过高，化肥污染负荷不断加重，且地区间差异较大。引起全市化肥面源污染的主要原因是由农户过量施肥和施肥结构的不合理共同导致的，其中过量施肥是主要因素。因此控制氮肥施用，减少氮肥流失，是防控化肥污染的主要目标。

化肥施肥量过大，还容易导致土壤含盐量不断增加，加剧耕层土壤的盐渍化。根据2011年通辽市地力评价结果，农田土壤耕层含盐量分级面积结果见表2-3。通辽市耕地轻度盐化（0.1~0.3g/100g）面积占总耕地面积的27.29%，中度盐化面积（0.3~0.5g/100g）占11.51%，重度盐化（＞0.5g/100g）面积达到4.29%，因过量施肥造成的土壤盐碱化趋势比较显著。

表2-3 通辽市农田土壤耕层含盐量分级面积及所占比例

分级指标（g/100g）	面积（hm²）	比例（%）
<0.1	766799	56.91
0.1~0.3	367655	27.29
0.3~0.5	155135	11.51
0.5~0.7	54821	4.07
>0.7	2939	0.22

内蒙古通辽市为控制化肥使用量，在化肥使用量零增长行动中坚持以测土配方施肥项目、耕地保护与质量提升项目为依托，全面实施"两提、三调、一改"，集成应用八项技术，优化组装六大模式。"两提"即提高耕地土壤有机质含量，提高耕作层厚度；"三调"即调整氮、磷、钾肥的用量及比例，调优肥料结构，调整作物种植结构；"一改"即改进施肥方式。八项技术包括：测土配方施肥、秸秆还田、增施农家肥、深翻深松、机械深施肥、施用新型肥料和增施微肥、水肥一体化、轮作（粮豆、粮草、粮粮、粮饲）等技术。六大模式即以秸秆还田+深翻、农家肥+深翻、农家肥+深松、轮作+深翻为主导技术的四项主推模式和农家肥+旋耕、轮作+旋耕为主导技术的两项辅助模式。逐步实现技术高效集成，良种良法相互配套，农机农艺有机结合，示范推广同步进行。

第三章　化肥的重要性及使用原则

第一节　什么是化肥

从狭义来说,化学肥料是指用化学方法生产的肥料;从广义来说,化学肥料是指工业生产的一切无机肥及缓效肥。化肥是氮、磷、钾、复合肥的总称。

土壤中的常量营养元素氮、磷、钾,通常不能满足作物生长的需求,需要施用含氮、磷、钾的化肥来补足。而微量营养元素除氯在土壤中不缺外,其他微量营养元素则需施用微量元素肥料补足。化肥多为无机化合物,仅尿素$[CO(NH_2)_2]$是有机化合物。凡只标明一种含量的营养元素的化肥称为单元素肥料,如氮肥、磷肥、钾肥等。凡标明氮、磷、钾三种营养元素中的两种或两种以上含量的化肥称为复合肥料或混合肥料。品位是化肥质量的主要指标,它是指化肥产品中有效营养元素或其氧化物的含量百分率。

肥料是提高作物产量、改善作物品质的必需营养,可以通过直接或间接供给,而化肥则是肥料中的一种。化肥是化学肥料的简称,是以矿物、空气、水为原料,经化学及机械加工制成的肥料。虽然草木灰、骨粉、废渣等严格地讲不算化肥,但在生产中它们常被当做肥料来使用。那么,什么是作物必需的营养呢? 作物必需营养元素的标准,必须同时具备三个条件:一是作物在缺乏该种营养元素时,就不能正常生长、结实;二是当作物缺乏该种营养元素时,其他营养元素不能代替,只能依靠补充该种营养元素来解决;三是该种营养元素在作物体内起着固定的生理作用,即必要性、不可替代性和具有一定的生理功能,这三个条件缺一不可。否则,该种营养元素就不能称为必需营养。根据这个定义,作物必需的营养元素包括:碳、氢、氧、氮、磷、钾、钙、镁、硫、铁、锰、锌、硼、铜、钼和氯、钠等17种营养元素。碳、氢、氧主要靠空气和水供应,而其余的营养元素大多来自于土壤和肥料。严格地讲,只有给作物提供一种或一种以上营养元素的物质才能叫做肥料。因而在商品肥料标明成分含量时,不能把作物非必需营养元素也计入成分含量之中。若将非必需营养元素也计入成分含量的做法,轻者说对什么是肥料认识不清的表现,重者说有假冒伪劣之嫌。

还有些元素目前还没有被证实是作物生长发育必需的营养元素，如硅、钛等。但是，这些元素可对某些作物有促进生长和提高产量的作用，对于这些元素，我们常称为有益元素；有些元素，如镉、砷等，在浓度达到一定程度时就会引起中毒，这些元素被称为有害元素。此外，还有一些元素，如钴、碘等，虽然是人、畜必需的营养元素，但不是作物必需的营养元素，对于这些元素也不能计入肥料的成分含量中。所以，在购买肥料时，应注意肥料中作物必需营养元素的种类和含量，而不是元素种类越多越好。

第二节　化肥的应用简史

根据古希腊传说，用动物粪便作肥料是大力士赫拉克罗斯首先发现的。赫拉克罗斯是众神之主宙斯之子，是一个半神半人的英雄，他曾创下12项奇迹，其中之一就是在一天之内把伊利斯国王奥吉阿斯养有300头牛的牛棚打扫得干干净净。他把艾尔菲厄斯河改道，用河水冲走牛粪，沉积在附近的土地上，使农作物获得了丰收。当然这是神话，但也说明当时的人们已经意识到粪肥对作物增产的作用。古希腊人还发现旧战场上生长的作物特别茂盛，从而认识到人和动物的尸体是很有效的肥料。

千百年来，不论是欧洲还是亚洲，都把粪肥当做主要肥料。进入18世纪以后，世界人口迅速增长，同时在欧洲爆发工业革命，使大量人口涌入城市，加剧了粮食供应紧张，并成为社会动荡的一个起因。化学家们从18世纪中叶开始对作物的营养学进行科学研究。19世纪初流行的两大植物营养学说是"腐殖质"说和"生活力"说。前者认为植物所需的碳元素不是来自空气中的二氧化碳，而是来自腐殖质；后者认为植物可借自身特有的生活力制造植物灰分的成分。李比希指出，作物从土壤中吸走的矿物质养分必须以肥料形式如数归还土壤，否则土壤将日益贫瘠，从而否定了"腐殖质"和"生活力"学说，引起了农业理论的一场革命，为化肥的诞生提供了理论基础。

1828年，德国化学家维勒（F.Wöhler, 1800—1882）在世界上首次用人工方法合成了尿素。按当时化学界流行的"活力论"观点，尿素等有机物中含有某种生命力，是不可能人工合成的。维勒的研究打破了无机物与有机物之间的绝对界限。但当时人们尚未认识到尿素的肥料用途，直到50多年后，合成尿素才作为化肥投放市场。

1838年，英国乡绅劳斯（L.B.Ross）用硫酸处理磷矿石制成磷肥，成为世界上第一种化学肥料。

1840年，德国化学家李比希（J.von Liebig, 1803—1873）出版了《化学在农业及生理学上的应用》一书，创立了植物矿物质营养学说和归还学说，彻底否定了当时盛行的"腐殖质"和

"生命力"两大植物营养学说，为化肥的发明与应用奠定了理论基础。李比希还在1850年发明了钾肥。

1850年前后，劳斯又发明出最早的氮肥。1909年，德国化学家哈伯（F.Haber, 1868—1934）与博施（C.Bosch, 1874—1940）合作创立了"哈伯—博施"氨合成法，解决了氮肥大规模生产的技术问题。

20世纪50年代以来，化肥得到了大规模应用。据统计，在各种农业增产措施中，化肥的作用占40%~60%。

中国是一个人口众多的国家，粮食生产在农业生产的发展中占有重要的位置。通常增加粮食产量的途径是扩大耕地面积或提高单位面积产量。根据中国国情，继续扩大耕地面积的潜力已不大，虽然中国尚有许多未开垦的土地，但大多存在投资多、难度大的问题。这就决定了中国粮食增产必须走提高单位面积产量的途径。

施肥可以提高土壤肥力，而且还是提高作物单位面积产量的重要措施。化肥是农业生产最基础而且是最重要的物质投入。据联合国粮农组织（FAO）统计，化肥在对农作物增产的总份额中占40%~60%。中国能以占世界7%的耕地养活了占世界22%的人口，可以说化肥起到举足轻重的作用。

第三节　化肥的危害

很多人都知道，中国的污染是很严重的，但是，很少有人知道，在中国造成第一污染的产业是农业。农业从一个无污染的绿色产业变成了今天高耗能、高污染的产业。

近30年来，我国为满足粮食生产需要，其农用化学品投入已经达到了相当高的比例。自20世纪90年代起，我国成为世界最大的化肥和生产消费国。目前，我国是全球化肥投入水平最高的地区之一。根据农业部的统计资料，我国每年要使用农药140多万吨，其中主要是化学农药，占世界总施用量的1/3，我国是世界第一农药消费大国；平均每亩用药约1公斤，比发达国家高出一倍以上。农药施用后，在土壤中的残留为50%~60%，且不易降解，由此成为农产品不安全的源头；同时我国还是世界化肥生产和消费第一大国。过量施用农药和化肥，给中国的环境和食品安全造成了巨大的威胁。这种不可持续的农业生产方式不仅严重污染了我国有限的土地和水资源，造成大规模蓝藻暴发等环境事件，而且近年频发的食品安全事件也和这种农业生产方式紧密相连。

一、化肥对土壤的破坏性

作物吸收肥料中的养分离子后，土壤中氢离子增多，易造成土壤酸化。长期大量施用化肥，尤其在连续施用单一品种化肥时，在短期内就会出现这种情况。大量施用化肥，用地不养地，造成土壤有机质下降，化肥无法补偿有机质的缺乏，进一步影响了土壤微生物的生存，不仅破坏了土壤肥力结构，而且还降低了肥效。土壤酸化后会释放有毒物质，或使有毒物质毒性增强，对生物体产生不良影响。土壤酸化还能溶解土壤中的一些营养物质，在降雨和灌溉的作用下，向下渗透补给地下水，使得营养成分流失，造成土壤贫瘠化，影响作物的生长，导致土壤板结，肥力下降。

二、化肥对人体的危害性

农药的危害人人皆知，化肥的危害却少有人知。我们一日三餐无法摆脱化肥的危害，很难找出哪一种食物不是靠化肥生产出来的，就连养的鱼、泡的豆芽也被使用了化肥，化肥中的硝酸物质会被人体细菌还原成亚硝酸盐，这是一种致癌物质。从责任田承包开始三十多年，中国所有的耕地都靠施化肥增收，这种毒素在人体内堆积了三十多年，现代疾病终于爆发了，高血压、心脏病、糖尿病和癌症成了常见病。化肥成了我们食物结构中最大的潜在杀手，而我们又很难摆脱它。为了健康，有人在盲目地进行食补，有人在拼命地锻炼，这都是治标不治本的办法，这些都稀释不了人体内长期积累的以化肥为主的毒素！

第四节　合理施用化肥的基本原理

所谓合理施肥，就是针对植物营养特性、土壤供肥特性、肥料化学性质选择肥料适宜用量，坚持有机肥与无机肥相结合；坚持因土壤、因作物施肥；坚持缺素补素，测土配方施肥；确定合理的轮作施肥制度，合理调配养分；采用合理的施肥技术，提高肥料利用率。

一、养分补偿学说

德国化学家李比希1843年所著的《化学在农业和生理学上的应用》一书中，系统地阐述了植物、土壤和肥料中营养物质变化及其相互关系，提出了养分归还学说。认为人类在土地上种植作物，并把产物拿走，作物从土地中吸收矿质元素，就必然会使地力逐渐下降，从而土壤中所含养分将会越来越少。如果不把植物带走的营养元素归还给土壤，土壤最终会由于土壤肥力衰减而成为不毛之地。因此，要恢复和保持地力，就必须将从土壤中拿走的营养物质还给土壤，以解决用地与养地的矛盾。

二、同等重要律

同等重要律：对作物来讲，不论大量元素或微量元素，都是同样重要缺一不可的，即使缺少某一种微量元素，尽管它的需要量很少，仍会影响某种生理功能而导致减产。如玉米缺锌导致植株矮小而出现花白苗，水稻苗期缺锌造成僵苗，棉花缺硼使得蕾而不花。微量元素与大量元素同等重要，不能因为需要量少而忽略。

三、不可代替律

作物需要的各营养元素，在作物体内都有一定功效，相互之间不能替代。如缺磷不能用氮代替，缺钾不能用氮、磷配合代替。缺少什么营养元素，就必须施用含有该元素的肥料进行补充。

四、最小养分律

上述的两条定律说明，要保证作物的正常生长发育，获得高产，就必须满足它们所需要的元素的种类和数量及其比例。若其中有一个达不到需要的数量，生长就会受到影响，产量就受这一有效性或含量最小的元素所制约。最小的那种养分就是养分限制因子。最小养分不是指土壤中绝对含量最少的养分，而是对作物的需要而言的，是指土壤中有效养分相对含量最少（即土壤的供给能力最低）的那种养分。最小养分不是不变的，它随作物种类、产量和施肥水平而变。一种最小养分得到满足后，另种养分就可能成为新的最小养分。例如新中国成立初期，我国基本上没有化肥工业，土壤贫瘠，突出表现缺氮，施用氮肥就有明显的增产效果。到了20世纪60年代，随着生产的发展，化学氮肥的施用量有了一定增长，作物产量也在提高，但有些地区开始出现单施氮肥增产效果不明显的现象，于是土壤供磷不足就成了当时进一步提高产量的制约因素。在施氮基础上，增施磷肥，作物产量大幅度增加。到了70年代，随着氮、磷化肥用量的增长及复种指数的提高，作物产量提高到了一个新水平，对土壤养分有了更高的要求。南方的有些地区开始表现出缺钾，北方一些高产地区开始出现了土壤供钾不足或某些微量元素缺乏的现象。如在缺硼的土壤上油菜出现花而不实、棉花出现蕾铃脱落的现象，北方缺锌的田块水稻出现坐蔸、玉米出现白化苗病，这些症状只有在施用硼肥或锌肥后才会消退。

五、报酬递减律

从一定土地上所得的报酬，随着向该土地投入的劳动和资本量的增大而有所增加，但达到一定水平后，随着投入的单位劳动和资本量的增加，报酬的增加却在逐渐减少。当施肥量超过适量时，作物产量与施肥量之间的关系就不再是曲线模式，而呈抛物线模式了，单位施肥量的增产会呈递减趋势。

六、因子综合作用律

作物产量高低是由影响作物生长发育诸因子综合作用的结果，但其中必有一个起主导作用的限制因子，产量在一定程度上受该限制因子的制约。为了充分发挥肥料的增产作用和提高肥料的经济效益，一方面，施肥措施必须与其他农业技术措施密切配合，发挥生产体系的综合功能；另一方面，各种养分之间的配合施用，也是提高肥效不可忽视的问题。

第五节　化肥使用的基本原则

一、与有机肥料配合施用

因为有机肥料的特点是肥效缓、稳、长、养分齐全，而化学肥料的特点是肥效快、猛、短、养分单一，二者相互配合使用，可以取长补短、缓急相济，既有前劲，又有后劲，平衡供应作物养分。有机肥与化肥配合使用，可加强土壤微生物的活动，促进有机肥料进一步分解，释放出大量的二氧化碳和有机酸，又有助于土壤中难溶性养分的溶解，供给作物吸收利用。全国化肥试验网试验结果表明：有机肥、无机肥配合施用增产效果最好，高于单纯施用化肥。

二、因地制宜地施用微量元素肥料

植物吸收的微量元素量有限，但不能缺少。植物缺少某一种微量元素，营养生长和生殖生长就会发生障碍,甚至僵苗死亡。微量元素的缺乏,与土壤供应状况和作物吸收利用的情况有很大关系,不同土壤提供微量元素的量是不同的,不同作物对微量元素的吸收也不同。因此,施用微量元素一定要有针对性。有些微量元素使用不当,还会对植物造成毒害。

三、根据土壤、气候、作物吸肥规律进行施肥

各地土壤不同,有酸、有碱、有肥、有瘦,供肥能力大相径庭,作物吸收养分的能力也不同。因此,化肥施用要根据当地的土壤、气候、作物产量、作物茬口、肥料效应、肥料利用率制订具体的施肥方案,确定合理用量。

四、氮磷钾合理配比施用

作物对各种营养元素的吸收是按一定比例有规律吸收的,各种营养元素都有特定的作用,不能代替,但能互相促进。如氮肥能促进磷的吸收,钾肥能提高磷肥的肥效,同时又促进作物对氮的吸收利用。

五、确定合理的施肥方式

化肥一般养分浓度高、水溶性大、易于流失,因此在施肥上用量不宜过多。施肥过多不但不经济,还易造成倒伏减产。氮肥应注意深施,以减少氮素的挥发损失。氮肥还应根据土壤的状况掌握分次施肥,不要直接接触种子、幼芽和叶片,以防烧种、烧苗。磷肥到了土壤中容易固定,移动性很小,而且后效长。因此,磷肥施用一般做底肥,施用时尽量集中施于作物根部,不要撒施。钾肥一般做底肥施用,也有少量的做追肥或叶面肥。微量元素肥料既可做基肥、种肥,也可做追肥。使用方法有喷、浸、拌、穴、撒、沾等多种方法。

第六节 肥效与土壤质地的关系

土壤质地是土壤物理性质之一,它是指土壤中不同大小直径的矿物颗粒的组合状况。土壤质地与土壤通气、保肥、保水状况及耕作的难易有密切关系,土壤质地状况是拟定土壤利用、管理和改良措施的重要依据。肥沃的土壤不仅要求耕层的质地良好,还要求有良好的质地剖面。虽然土壤质地主要决定于成土母质类型,有相对的稳定性,但耕作层的质地仍可通过

耕作、施肥等活动进行调节。土壤质地是根据土壤的颗粒组成划分的土壤类型。土壤质地一般分为沙土、壤土和黏土三类，其类别和特点，主要是继承了成土母质的类型和特点，同时又受到耕作、施肥、排灌、平整土地等人为因素的影响，这是土壤的一种十分稳定的自然属性，对土壤肥力有很大影响。人们常说作物产量高低与土壤好坏有密切关系，那么，土壤质地与施肥又有什么关系呢？

一、沙土

沙土土壤质地松散，粗粒多，土壤养分含量少，不保水保肥，宜多施土杂肥和有机肥，或进行秸秆还田，或种植绿肥适时翻压，以培肥地力，逐年改善土壤结构。

在施用化肥时，一次不能多施，多施易流失，要采用少量多次的原则，且要施用淋溶性小的肥料，如铵态氮、钾肥等。施用化肥最好采用沟施或穴施等集中施用的方法。为了改良沙质土壤，还可采用掺土施肥法，既可保全养分，还可改良沙性土壤。有机肥料应深施，如浅施难于分解或分解较快。沙土宜采用牛粪、猪粪等冷性肥料做基肥，可使土质逐渐变好。土壤沙性大，土质松散，粗粒多，毛管性能差，肥水易流失，其潜在养分含量低。这类土壤宜多施有机肥，如土杂肥，秸秆还田，或种绿肥适时翻压培肥地力，逐步改善土壤性状。追施化肥应注意：一是应施速效性肥料，便于作物快吸收，避免雨后或泛水淋失肥力；二是宜"少食多餐"，适当增加施肥次数，这样既可满足作物不同生育期对肥分的需要，又可减少流失；三是采用沟施或穴施等集中施肥法；四是掺土施肥法，既可保全养分，还有改土作用。

二、黏土

这类土壤质地黏重，具有较强的保肥保水能力，但通透性能差，肥效较慢。故施用有机肥必须充分沤制腐熟，追施化肥应适当提早，并宜"多吃少餐"，适当减少施肥次数，后期忌过量多施氮肥，以防作物贪青迟熟。此外，还应勤中耕松土，提高土壤通气性。

一般来说，黏土的有机质含量高，保肥性能强，养分不易流失，但通透性能差，施肥后肥效慢，作物生根也难，人们常称这种土壤"发老苗不发小苗"。这种土壤性冷，有机质分解矿化慢，所以应施用充分腐熟的农家肥料，最好用马粪、羊粪等热性肥料做基肥。

施用化肥时，因土地的缓冲能力大，保肥性能强，一次性多施不至于造成烧苗或养分流失。追施化肥时应适当提早，并宜"多吃少餐"，适当减少施用次数。但氮肥不宜过多施用，以免因后期肥效过分发挥，使作物出现贪青晚熟，导致减产。黏土质地黏重，对养分的吸附固定能力强，而且土壤溶液中的养分扩散速度慢。因此，要注意施用化肥的位置，如施磷肥和钾肥应尽量靠近根系,并及时中耕松土,增强土壤的通透性,注意及时浇水,以水调肥,提高肥效。

三、壤土

壤土是农艺性状较好的一种土壤,其通透性、保水保肥能力,以及潜在养分含量介于沙土和黏土之间,适合各类农作物生长,一般可按产量要求和作物的生长期,适时适量施肥。

原则上要做到长效肥与短效肥相结合,有机肥与化肥相结合,大量元素肥料与中微量元素肥料相结合,氮、磷、钾肥相结合。一般可按产量要求和作物长相,适时适量施肥。但也要做到合理施用,培肥地力,要发挥肥料增产效应。土壤酸碱度对养分的有效性影响极大,是合理施肥的重要依据。据分析,pH 6~8的偏碱土壤,速效氮含量较高,故施用铵态氮(如碳铵、硫酸铵等),应采取穴施、沟施和基肥深施,施后盖土等办法,以防止或减少氨的挥发。pH 6以下的偏酸土壤,钾、钙等易被氢离子置换而随水流失,因此,偏酸土壤,应注意增补钾、钙元素。磷的有效性更易受酸碱度影响,当pH 6~7.5时,其有效性较高;pH 7.5以下时,则易与土壤中的钙结合,变成难溶性的磷酸钙;pH 6以下,又易同土壤中的铁、铝等结合形成难溶性的磷酸铁、磷酸铝等化合物。因此,在酸性土壤上施磷,宜先施石灰中和土壤酸性。

四、水田和旱地

水田由于水分的移动,会将溶液中的养分带走,使施用的肥料在土壤中难以积累而引起养分缺乏。同时土壤中的水分还能将施用的肥料稀释,因而即使靠近作物根部施肥也不会对作物根系产生伤害。在水田施用氯化铵、氯化钾等含氯肥料,也不要担心氯离子在土壤中的积累。但水田因存在水层,易使土壤缺氧,在供养不足的条件下,会产生一些有机和无机的毒物,比如施用的有机肥在嫌气分解条件下会累积有机酸。因此,在水田选用有机肥时,应注意选用充分腐熟的有机肥,否则会产生过多的还原物质。同时由于嫌气细菌的旺盛活动,还会增加水中氧的消耗,进一步加剧土壤缺氧,而导致作物根系遭受伤害。在水田,一些有机物,如氮、硫、铁、锰等会以低价形态,即氮以亚硝酸、铁以亚铁、锰以亚锰和硫以硫化氢存在。因此,在水田施用氮肥时,不宜选用硝酸盐和硫酸钾等类肥料。这是因为前者属于最易溶解和在水中移动最快的养分,除易淋失外,还易形成有毒亚硝酸盐,并引起反硝化作用,造成脱氮损失。

而在水田施用氨肥,则因其比较稳定而能充分发挥肥效。旱地与水田相反,旱地施肥不但不会造成养分的淋失,还能使养分在土壤中逐步积累,但容易造成盐分浓度过高,因此旱地切忌在靠近植株根部位置施肥。

同时因为硫酸根与土壤溶液中的氢氧化钙和碳酸钙反应，能生成难溶性的硫酸钙，不会增加土壤的盐浓度；而氯化钾中的氯离子能与土壤中的硫酸钙反应，生成易溶于水的氯化钙，使土壤溶液的盐浓度增加。再者，旱地也不会像在水田那样易于产生反硝化作用。此外，旱地应多种植喜硝态氮的作物。因此，旱地如选用硝酸盐如硝酸铵与以硝酸铵为基础成分的复混肥，就比较适宜。

五、盐碱土

盐碱土是盐土和碱土的总称，盐土主要是指含氯化物或硫酸盐较高的盐渍化土壤，土壤呈碱性，但pH不一定很高；碱土是指含碳酸盐或重磷酸盐土壤，pH呈碱性。盐碱土的有机质含量少，土壤肥力低，理化性状差，对作物有害的阴、阳离子多，不易促苗。

盐碱土的施肥原则是以施用有机肥料和高效复合肥为主，控制低浓度化肥的使用。有机肥含有大量的有机质，对土壤中的有害阴、阳离子能起缓冲作用，有利于发根、保苗。高效复合肥无效成分少，残留少，但每次施用量也不能过多，以避免加重土壤的次生盐渍化。施过化肥后应及时灌水，以降低土壤溶液浓度。

第四章　主要作物施肥技术

第一节　玉米施肥技术

通辽市地处"世界黄金玉米带"上，天赋的自然条件、较好的基础设施和较高的种植技术造就了优良的玉米品质。玉米的粗蛋白含量、粗脂肪含量、粗淀粉含量均高于其他地区，籽粒饱满、色泽纯正、角质率高、破损率低，属胶质玉米，备受国内外客商青睐。2002年"通辽黄玉米"获得了原产地标记注册认证。通辽市年玉米种植面积80万hm^2，总产量50亿kg以上，占全国内玉米总产3.2%，占全区玉米总产50%以上。目前，通辽市的玉米生产已从传统的粮食生产发展到饲料与深加工等多用途生产。其中70%~80%的籽粒主要作为加工工业的原料，15%~20%作为精饲料及配合饲料利用，仅10%~15%为人们直接食用。

一、玉米的需肥特征

玉米是需高肥水的作物，一般随着产量提高，所需营养元素也在增加。玉米全生育期吸收的主要养分中，以氮为多、钾次之、磷较少。一般每生产100kg籽粒需从土壤中吸收纯氮2.5kg、五氧化二磷1.2kg、氧化钾2.0kg。氮磷钾比例为：1:0.48:0.8。玉米对微量元素尽管需要量少，但不可忽视，特别是随着施肥水平提高，施用微肥的增产效果更加显著。玉米吸收的矿质元素多达20余种，主要有氮、磷、钾三种大量元素，硫、钙、镁等常量元素，铁、锰、硼、铜、锌、钼等微量元素。

春玉米苗期到拔节期吸收的氮占氮量的10%左右，拔节期到授粉期吸收的氮占总氮量的65%左右，授粉至成熟期吸收的氮占总氮量的25%左右。春玉米苗期至拔节期吸收的磷占总磷量的5%左右，拔节期至授粉期吸收磷占总磷量的50%左右，授粉至成熟期吸收磷占总磷量的45%左右。春玉米体内钾的累积量随生育期的进展而不同。苗期吸收积累速度慢，数量少。拔节前钾的累积量仅占总钾量的10%左右，拔节后吸收量急剧上升，拔节到授粉期累积量占总钾量的85%左右。

苗期生长缓慢, 只要施足基肥, 施好种肥, 便可满足其需要; 拔节以后至抽雄前, 茎叶旺盛生长, 内部的穗部器官迅速分化发育, 是玉米一生中养分需求最多的时期, 必须供应较多的养分, 达到穗大、粒多; 生育后期, 植株抽雄吐丝和受精结实后, 籽粒灌浆时间较长, 仍须供应一定量的肥、水, 使之不早衰, 确保正常灌浆。春玉米全生育期较长, 前期外界温度较低, 生长较为缓慢, 以发根为主, 在栽培管理上应适当蹲苗。到拔节、孕穗时对养分的吸收开始加快, 直到抽雄开花达到高峰。在后期灌浆过程中吸收数量减少。春玉米需肥可分为两个关键时期, 一是拔节至孕穗期, 二是抽雄至开花期。

玉米营养临界期: 玉米磷素营养临界期在三叶期, 一般是种子营养转向土壤营养时期; 玉米氮素临界期则比磷稍后, 通常在营养生长转向生殖生长的时期。临界期对养分需求并不大, 但养分要全面, 比例要适宜。这个时期营养元素过多过少或者不平衡, 对玉米生长发育都将产生明显不良影响, 而且以后无论怎样补充缺乏的营养元素都无济于事。玉米营养最大效率期在大喇叭口期, 这是玉米养分吸收最快最大的时期。这期间玉米需要养分的绝对数量和相对数量都最大, 吸收速度也最快, 肥料的作用最大, 此时肥料施用量适宜, 玉米增产效果最明显。

二、玉米缺素症状

1. 氮: 玉米缺氮的特征是株型细瘦, 叶色黄绿。首先是下部老叶从叶尖开始变黄, 然后沿中脉伸展呈楔形(v), 叶边缘仍呈绿色, 最后整个叶片变黄干枯。缺氮还会引起雌穗形成延迟, 甚至不能发育, 或穗小、粒少、产量降低。

2. 磷: 玉米缺磷, 幼苗根系减弱, 生长缓慢, 叶色紫红; 开花期缺磷, 抽丝延迟, 雌穗受精不完全, 发育不良, 粒行不整齐; 后期缺磷, 果穗成熟推迟。

3. 钾: 玉米缺钾, 生长缓慢, 叶片黄绿色或黄色。首先是老叶边缘及叶尖干枯呈灼烧状是其突出的标志。缺钾严重时, 生长停滞, 节间缩短, 植株矮小。果穗发育不正常, 常出现秃顶。籽粒淀粉含量降低, 千粒重减轻。容易倒伏。

4. 硼: 缺硼时, 在玉米早期生长和后期开花阶段植株矮小, 生殖器官发育不良, 易成空秆或败育, 造成减产。缺硼植株新叶狭长, 叶脉间出现透明条纹, 稍后变白变干。缺硼严重时, 生长点死亡。

5. 锌: 缺锌时, 因生长素不足而细胞壁不能伸长, 玉米植株发育甚慢, 节间变短。幼苗期和生长中期缺锌, 新生叶片下半部现淡黄色, 甚至白色。叶片成长后, 叶脉之间出现淡黄色斑点或缺绿条纹, 有时中脉和边缘之间出现白色或黄色组织条带或是坏死斑点, 此时叶面都呈现透明白色, 风吹易折。严重缺锌时, 开始叶尖呈淡白色泽病斑, 之后叶片突然变黑, 几天后植株死亡。玉米中后期缺锌，使抽雄期与雌穗吐丝期相隔日期加大，不利于授粉。

6. 锰：玉米缺锰，其症状是顺着叶片长出黄色斑点和条纹，最后黄色斑点穿孔，表示这部分组织破坏而死亡。

7. 钼：玉米缺钼症状是植株幼嫩叶首先枯萎，随后沿其边缘枯死。有些老叶顶端枯死，继而叶边和叶脉之间发展枯斑甚至坏死。

8. 铜：玉米缺铜时，叶片缺绿，叶顶干枯，叶片弯曲、失去膨压，叶片向外翻卷。严重缺铜时，植株矮小，嫩叶缺绿，叶色灰黄有白色斑点，果穗发育差。

三、玉米生产中施肥存在的问题及配方施肥技术

（一）当前玉米生产中施肥存在的问题及原则

针对耕地土壤耕层变浅，玉米氮肥施用量较大，利用率低；磷、钾肥施用时期和方式不合理，没有充分发挥磷钾肥肥效；有机肥施用量较低或者不施用有机肥，秸秆还田比例较低；不注重中微量元素肥料的施用，部分土壤缺锌，造成玉米白化苗；春旱影响出苗及苗期生长等主要问题，在总体施肥上提出以下原则：

1. 依据土壤肥力条件和目标产量，平衡施用氮、磷、钾肥，主要是调整氮肥用量，氮肥分次适量施用，磷酸二铵做种（口）肥，适当降低基肥用量，充分利用磷钾肥后效。

2. 有效钾含量高、产量水平低的地块在施用有机肥的情况下可以少施或不施钾肥。

3. 土壤pH高、高产地块和缺锌的土壤注意施用锌肥。

4. 增加有机肥用量，加大秸秆还田力度。

5. 推广应用高产耐密品种，适当增加玉米种植密度，提高玉米单产，充分发挥肥料效果。

6. 深松打破犁底层，促进根系发育，提高水肥利用效率。

7. 肥料施用应与高产优质栽培技术等管理措施相结合，注意深施肥。尤其要重视水肥一体化调控，如施用抗旱保水剂，提高出苗率。

8. 膜下滴灌施用硫基肥，尽量避免氯基肥料。

9. 在使用地膜覆盖的地区，可考虑在施底（基）肥时，选用缓控释肥料，以减少追肥次数。

（二）玉米生产的施肥建议

1. 玉米产量水平500kg/亩以下：氮肥（N）10～12kg/亩，磷肥（P₂O₅）5～6kg/亩，钾肥（K₂O）0～3kg/亩。

2. 产量水平500～650kg/亩：氮肥（N）12～14kg/亩，磷肥（P₂O₅）6～7kg/亩，钾肥（K₂O）3～5kg/亩。

3. 产量水平650kg/亩以上：氮肥（N）15~16kg/亩，磷肥（P_2O_5）7~9kg/亩，钾肥（K_2O）4~5kg/亩。

春玉米生长期长，植株高大，对土壤养分的消耗较多，因此，对春玉米来说应注意合理施肥。又因春玉米生长期长，光热资源充足，增产潜力大，为了获得高产并保持土壤肥力，应注意施用有机肥做基肥。一般基肥占总肥量的50%左右，一般每亩施优质有机肥3000kg以上。基肥一般条施或穴施。播种时施适量的化学氮肥做种肥，对壮苗有良好的效果。一般每亩施尿素3~5kg为宜，混合施于播种穴内，且应尽量把种肥与种子隔开，以防烧种影响出苗。微量元素肥料用于拌种或浸种，用硫酸锌拌种时，每千克种子用2~4g。浸种多采用0.2%的浓度。没有灌溉条件的地区，为了蓄墒保墒，可在冬前把有机肥送到地中，均匀撒开翻到地下；有灌溉条件的地区既可冬前施入有机肥，也可在春耕时施入有机肥。春玉米对养分的需求量较大，还要大量补充化肥。由于早春土壤温度低，干旱多风，磷、钾肥在土壤中的移动性差，一般全部用作底肥。春玉米生长期长，氮在土壤中又易损失，故氮肥宜分几次施用；苗期氮的需要量较少，以全生育期总施氮量的20%做底肥；拔节孕穗期，生长明显加快，养分需求量加大，应以全生育期总施氮量的40%在小喇叭口期追施；抽雄以后，植株生长更为旺盛，需肥需水量大增，应以全生育期施氮量的40%在大喇叭口期追施。玉米对锌比较敏感，通辽地区土壤缺锌比较普遍，所以要注意补充锌。可在有机肥中掺入硫酸锌，一般每亩用量为1kg；也可以在苗期喷1~2次硫酸锌溶液，浓度为2%。

第二节　水稻施肥技术

水稻在通辽市年种植面积2.67万hm^2，产量近1亿kg。主产区集中在科左后旗、科左中旗、科尔沁区、奈曼旗等旗县。科左后旗1.7万hm^2A级水稻绿色基地和"蒙怡"、马莲河牌A级绿色食品商标通过国家食品行业绿色食品认证。"蒙禾大米"被自治区认定著名商标，"老哈河大米"在区内外也有一定的名气。全市大米认证企业近十家，产品主要销往上海、广东等南方省区。通辽市稻作区属我国东北早熟单季稻稻作区，是我国纬度最高的稻作区域，属寒温带—暖温带、湿润—半干旱季风气候，夏季温热湿润，冬季酷寒漫长，无霜期短。年平均气温2~10℃，≥10℃积温2000~3700℃，年日照时数2200~3100小时，年降雨量350~1100mm。光照充足，但昼夜温差大，稻作生长期短。土壤多为肥沃、深厚的草甸土、沼泽土以及盐碱土。本区地势平坦开阔，土层深厚，土壤肥沃，适于发展稻田小型机械化。耕作制度为一年一季稻，目前种植品种为：吉粳88、803，宏科8、98~122，通育238等。

一、水稻的需肥特征

水稻正常生长发育需要适量的碳、氢、氧、氮、磷、钾、铁、锰、铜、锌、硼、钼、氯、硅、钙、镁、硫、硒等多种元素。在水稻所吸收的矿质营养元素中，吸收量多而土壤供给量又常常不足的主要是氮、磷、钾三要素。水稻养分吸收量，据产量水平不同、生长环境不同而有所差异，每亩产500kg稻谷和500kg稻草，从土壤中吸收纯氮8.5~12.5kg，磷4~6.5kg，钾10.5~16.5kg。水稻形成100kg籽粒，吸收氮在2kg左右，高产田略低些，低产田高些；吸收磷0.9kg左右，但随产量升高100kg籽粒以上吸收量增大到2.1kg左右。水稻吸肥比例因品种类型、栽培地区、栽培季节、土壤性质、施肥水平以及产量高低而异，故只能作为计算施肥量的参考。

水稻自返青至孕穗期，各种元素吸收总量增加较快。自孕穗期以后，各种元素增加的幅度有所不同。对氮素来说，至孕穗期已吸收生长全过程总量的80%，磷为60%，钾为82%。植株吸收氮量有分蘖期和孕穗期两个高峰。吸收磷量在分蘖至拔节期是高峰（约占总量的50%），抽穗期吸收量也较高。钾的吸收量集中在分蘖至孕穗期。自抽穗期以后，氮、磷、钾的吸收量都已微弱，所以在灌浆期所需养分，大部分是抽穗期以前植株体内所贮藏的。

锌对水稻生长发育有重要作用。锌能促进生长素的合成。水稻锌含量是营养器官大于繁殖器官。苗期和穗期尤其是苗期是水稻的吸锌高峰，吸收的锌占整个生育期锌吸收量的84.6%~96.1%。缺锌是水稻生产上较为普遍的问题。缺锌最明显的症状是植株矮小，叶片中脉变白，分蘖受阻，出叶速度慢，严重影响产量。因此，有人将锌列入仅次于氮、磷、钾的水稻"第四要素"。

水稻是代表性的喜硅作物，吸硅量在各种作物中最多，有"硅酸植物"之称。硅是水稻的必需营养元素。茎、叶含硅量为10%~20%，高的可达30%，约为含氮量的10倍，主要存在于茎、叶表皮角质层中。足量的硅能增强水稻对病虫害的抗性，提高根系活力而减轻铁、锰离子的毒害作用，改善磷素营养和促进光合作用及其他代谢过程。硅能增强根的吸氧能力，减少二价铁或锰过量吸收对根系的毒害，并促进磷向穗转移。缺硅时，水稻体内可溶性氮和糖增加，抗病性减弱，穗粒数和结实率降低，严重时变为白穗。水稻是喜铵态氮作物。氮素供应充足时，水稻新根才能发生，分蘖才能正常进行，叶片才能伸长。大量施用氮肥常导致叶片过于繁茂，下层叶光照不足，有利于病虫滋生，引起后期倒伏；过量施用铵态氮时易引起氨毒，尤其是在低光照和低温度条件下。氮肥能提高根系活力。氮肥表施能提高上位根的氧化力而促进分蘖，深施则能提高下位根的活力而增加每穗颖花数。

钾能提高水稻对恶劣环境条件的抵抗力并减少病虫害发生，所以有人称钾肥为"农药"。

钾通过促进碳、氮代谢,可减少病原菌所需的碳源和氮源,提高植株三磷腺苷酶的活力,促进酚类物质的合成,从而提高作物的抗病能力。钾能增加植株根、茎、叶中硅的含量,提高单位面积叶片上硅质化细胞的数量,茎秆硬度、厚度和木质素含量均随施钾量增加而增加,并最终增强水稻对病原菌侵染的抵抗力。

磷能促进植株体内糖的运输和淀粉合成,加速灌浆结实,有利于提高千粒重和籽粒结实率。水稻幼苗期和分蘖期磷的供应非常重要,此时缺磷会对以后的生长和产量产生明显的不良影响。因此,磷肥必须早施。在水稻开花以后追施磷肥会抑制体内淀粉的合成而阻碍籽粒灌浆。

二、水稻缺素症状

1. 缺氮:水稻缺氮时,其叶片体积减小,植株叶片自下而上变黄,稻株矮,分蘖少,叶片直立。

2. 缺磷:稻株缺磷时,植株高度基本正常,但叶片呈深绿色或紫绿色,株型直立,分蘖少。

3. 缺钾:植株叶片由下而上在叶脉上出现红褐色斑点,下部叶片叶边变黄。稻株分蘖较少,植株矮。叶片暗绿,顶部有赤褐斑。缺钾症状一般在移栽后开始,到移栽后20~30天最明显。

4. 缺钙:植株主茎中部叶片的叶绿素间或消失,叶片卷曲,最后死亡。新叶顶部卷曲、发白,不久变褐。但下部叶片一般表现正常,原因是钙在植株体内的流动性较差。

5. 缺镁:镁在植株体内流动性较好。缺镁时主茎中、下部叶片褪色,并沿叶脉变黄,叶片卷曲死亡。植株分蘖少,稻株矮。但上部叶片看不出症状。

6. 缺铁:植株叶片叶脉之间缺绿,随后变黄。但老叶仍呈绿色,唯新叶变黄。缺铁会降低水稻的光合作用强度和呼吸作用。对出现缺铁症状的稻田,可喷施铁盐补充铁质。

7. 缺锰:严重影响水稻的光合作用及水稻的呼吸代谢。

8. 缺铜:会使叶片失绿和影响光合作用强度,直接影响水稻的呼吸作用。

三、水稻生产中施肥存在的问题及配方施肥技术

(一)水稻生产中存在的问题及施肥原则

当前水稻生产中存在的主要问题是氮肥施用量偏高,N、P、K比例不当,施用时期不合理,蘖肥比例大,水稻后期贪青晚熟,导致产量降低,氮肥利用率不高等主要问题。在总体施

肥上提出以下原则:

1. 增加基施农家肥比例,以亩施2000~3000kg为宜。氮肥做基肥施用占总施氮量的35%左右,遵循前重后轻的原则,以防止贪青晚熟或减产。

2. 钾肥可优先选择硫酸钾。

3. 注意在基、蘖肥中补充锌肥(施硫酸锌0.5~1kg/亩)。

4. 采用节水灌溉,每次追肥前要先晒田,晒出小裂隙再施肥,然后灌水,充分发挥水肥耦合效应,提高肥料利用率。

(二)水稻的配方施肥建议

1. 产量500~600kg/亩,氮肥总量(N)控制在9~11kg/亩,磷肥(P_2O_5)5~7kg/亩,钾肥(K_2O)总量控制在3~4kg/亩。

2. 产量600~650kg/亩,氮肥总量(N)控制在10~13kg/亩,磷肥(P_2O_5)6~8kg/亩,钾肥(K_2O)总量控制在3~5kg/亩。

3. 氮肥的30%~40%做基肥,30%~40%做蘖肥,20%做穗肥,20%做粒肥;磷肥全部做基肥;钾肥的50%做基肥,50%做穗肥。

插秧前结合整地施入的肥料称为基肥。一般每公顷施用优质有机肥30000~45000kg;配合适量化肥,其中磷、钾肥一次施入。因为水稻一生中吸收养分量最多的时期在出穗以前,故基肥宜占总施肥量的80%以上,以满足水稻前期营养器官迅速增大对养分的需要。另一方面,结合耕作整地施基肥,能使土肥充分融合,为水稻生长发育创造一个深厚、松软、肥沃的土壤环境。

第三节　红干椒施肥技术

红干椒(*Capsicum frutescens* L.)属茄科辣椒属。通辽市生产的红干椒产品以其色正、味辣、无污染、品质好的特点,深受域外客商青睐,远销东南亚等国家和国内20多个省市地区。通辽市红干椒经过30余年的发展在国内外享有盛名。年种植面积稳定在2万~3万hm²,占全国红干椒种植面积的13%;总产量达12万吨以上,占全国总产量17%。种植红干椒的农户10万户左右。红干椒主要品种:北京红,鲁红6号,兴农3号,蒙古椒4号、8号,金塔系列等。

2002年三鲁牌红干椒被评为绿色食品,产品通过了省级无公害产品认定,并获自治区优质产品称号。通辽市开鲁县已成为全国县域面积最大的红干椒生产集散地,被誉为"中国红干椒之都"。

一、红干椒需肥特点

红干椒需肥量大，不耐瘠薄，尤其对肥料中的磷、钾的需求量较大。在施足有机肥的基础上，追施要注意氮、磷、钾的合理配比。但红干椒耐肥力又较差，一次性施肥量不宜太多，否则易发生各种生理障碍。

合理掌握氮、磷、钾三要素肥料施用的比例是红干椒施肥的关键。氮肥主要供红干椒枝叶的发育，氮素不足或过多都会影响营养体的生长及营养分配，导致落花。此外还影响红干椒果实中辣椒素的含量，氮肥较磷、钾肥多时，辣椒素含量降低；氮肥较磷、钾肥少时，辣椒素含量提高。在施用氮肥时要注意适量，过量施用易造成植株徒长，降低红干椒品质，还要谨防氨气中毒引起落叶。磷肥和钾肥可促进植株根系生长、果实膨大、增强果实着色，还可以提高红干椒的品质和适口性，并能使植株健壮，增强抗病力。红干椒的辛辣味受氮素影响明显，多施氮肥辛辣味减低，少施氮肥辛辣味增强。因此，应适当控制氮肥，增加磷、钾肥和钙肥的施用。果实膨大期避免发生缺钙现象，钙肥对果实品质和着色有一定作用。

二、养分失调的症状及防治方法

1. 氮：植株缺氮时生长矮小发黄（或叫失绿）。发黄一般先出现于低位叶片，高位叶片仍很绿；严重缺氮时叶片变褐并且死亡，出现落花落果现象。植株矮小细弱，分枝少，侧芽呈休眠状态或枯萎。花和果实少，成熟提早，产量、品质下降。上部幼叶保持绿色而下部叶片变黄枯死的趋势表明了植株中氮的移动性。当根系吸收不到足够的氮来满足生长需要时，植株衰老部分的氮化合物就会溶解，蛋白质氮变为可溶态氮，转移到代谢活跃区域，在新的原生质合成中再次被利用。氮素过剩则营养生长过旺，叶为暗绿色，多汁柔软，枝条徒长。缺氮：应在叶面喷400倍尿素加150倍白糖水溶液。

2. 磷：植物缺磷时植株生长缓慢、矮小、苍老、茎细直立，分枝较少，叶小，呈暗绿或灰绿色而无光泽，茎叶常因积累花青苷而带紫红色。根系发育差，易老化。由于磷易从较老组织运输到幼嫩组织中再利用，故症状从较老叶片开始向上扩展。缺磷植物的果实和种子少而小。成熟延迟，产量和品质降低。轻度缺磷外表形态不易表现。不同作物症状表现有所差异。红干椒缺磷，植株下部叶片的叶脉发红。磷不足会引起落蕾、落花。磷是花芽发育良好与否的重要因素。磷肥因在土壤中易被固定，过剩的情况一般很少发生。缺磷：追肥时土壤补施过磷酸钙，应及时叶面喷施0.3%磷酸二氢钾或0.5%过磷酸钙水溶液。

3. 钾：农作物缺钾时纤维素等细胞壁组成物质减少，厚壁细胞木质化程度也较低，因而影响茎的强度, 易倒伏; 蛋白质合成受阻, 氮代谢的正常进行被破坏, 常引起腐胺积累, 使叶片出现坏死斑点。因为钾在植株体中容易被再利用, 所以新叶上症状后出现, 症状首先从较老叶片上出现, 一般表现为最初老叶尖及叶缘发黄, 以后黄化逐步向内伸展同时叶缘变褐、焦枯, 似灼烧, 叶片出现褐斑, 病变部与正常部界限比较清楚, 尤其是供氮丰富时, 健康部分绿色深浓, 病部赤褐焦枯, 反差明显。严重时叶肉坏死、脱落。根系少而短, 活力低, 早衰。红干椒、甜菜、玉米、大豆、烟草、桃、甘蓝和花椰菜对缺钾反应敏感。红干椒缺钾, 落叶增多, 坐果率低, 产量下降。结果期如果土壤钾不足, 叶片会表现缺钾症, 发生落叶, 坐果率低, 产量不高, 施钾过量易导致红干椒脐腐病的发生。缺钾: 追肥时每亩施硫酸钾3kg或氯化钾3~4kg, 应及时叶面喷施0.3%磷酸二氢钾水溶液或1%草木灰浸出液。

4. 硫: 缺硫极大阻碍植物生长, 特征为植株失绿、矮小、茎细和纺锤形。许多植物中其症状极似缺氮症状, 这会不可避免地导致对许多缺素原因的误诊。但与氮不同, 缺硫时, 植株中的硫似乎不能轻易从衰老部分移到幼嫩部分。

红干椒缺硫时, 最初会在叶片背面出现淡红色。随缺硫加剧, 叶片正反面都发红发紫, 叶片正面显露出凹凸不平。缺硫: 每亩地施黄粉2~2.5kg, 随基肥一并翻入土中。

5. 钙: 钙在植物体内易形成不溶性钙盐沉淀而固定, 所以它是不能移动和再度被利用的。缺钙造成顶芽和根系顶端不发育, 呈 "断脖" 症状, 幼叶失绿、变形, 出现弯钩状。严重时生长点坏死, 叶尖和生长点呈果胶状。缺钙时根常常变黑腐烂。一般果实和贮藏器官供钙极差。红干椒缺钙, 植株生长缓慢, 果实易得脐腐病。钙过量虽不会在植物器官上产生过量症状, 但会阻碍镁、钾、磷的吸收, 在高pH时, 还会降低锰、硼、铁等微量元素的溶解性。缺钙: 叶面喷施0.5%氯化钙水溶液, 隔3~4天一次, 连喷3次。

6. 镁: 缺镁导致叶脉间失绿, 只有叶脉保持绿色。进一步发展, 整个叶片组织全部淡黄, 然后变褐直至最终坏死。红干椒缺镁, 顶端生长点不正常或停滞生长, 幼叶畸形、皱缩, 叶脉间失绿黄化, 基部叶片脱落严重, 下部叶片加厚, 植株矮小, 坐果率低; 根木质部变黑腐烂, 根系生长差; 花期延迟, 并造成花而不实, 影响产量。镁过量, 主要表现在镁钙比上, 过高的比值会阻碍植株的生长, 但可增强对病毒的抗性。缺镁: ①喷10%~20%硫酸镁水溶液2~3次, 每周一次。②在植株根部 (两侧) 追施钙镁磷肥少许 (每株5~10g), 并浇小水。

7. 锌: 锌在植株中有移动性, 多表现在幼嫩器官。红干椒缺锌多表现为叶小、叶片失绿发黄、有灰绿或黄白斑点, 根系生长不发达, 植株矮小, 发生顶枯, 顶部小叶丛生, 有时叶缘呈扭曲状或皱折, 类似病毒病。叶片有褐色条斑, 叶片易枯黄脱落。锌过剩, 整个叶色变淡, 叶脉间淡绿, 新叶和茎上产生红褐色斑点。缺锌: ①喷安泰生600倍水溶液, 安泰生含有机锌15.8%, 喷后能迅速被叶片吸收。②喷0.4%硫酸锌水溶液2~3次, 5~7天一次。

8. 钼: 钼能促进叶绿素的形成和根瘤菌的固氮作用。红干椒缺钼, 氮的同化受到影响, 植株矮小，生长缓慢，叶片失绿，出现花斑，叶脉淡绿色，叶片内卷。缺钼：①播种时每亩用钼酸铵60g与其他基肥混合施入土中。②喷0.05%~0.1%钼酸水溶液，5天一次，连喷2~3次。

9. 铜：红干椒缺铜最明显的症状是顶部叶边缘呈波浪状，叶片出现失绿现象，幼叶的叶尖因缺绿而黄化干枯，最后叶片脱落；同时也会导致叶片变窄、果实变细；铜过剩，则根的生长显著受阻、变褐，植株生长发育不良和叶片枯萎。缺铜：①喷0.04%硫酸铜水溶液。②用1~1.5kg硫酸铜、40~50kg过磷酸钙与600倍有机肥拌匀做基肥。

10. 铁：铁是叶绿素形成不可缺少的元素，作物缺铁时因叶绿素不能形成而造成"缺绿症"。由于铁在体内很难转移而被再利用，所以"缺绿症"首先出现在幼嫩叶片上。铁过剩则下部叶的叶脉间产生褐色的斑点。缺铁：喷1%硫酸亚铁水溶液2~3次，每周一次。

11. 锰：锰在作物体内不能再利用，植株缺锰症状首先表现在幼叶，叶片的叶绿素减少，而叶脉和叶脉附近仍然保持绿色，叶脉之间失绿，并出现退绿和坏死斑点，新叶柄附近呈一片灰色，慢慢变成黄色直至枯黄色；但锰过剩，则根系变褐，下部叶的叶脉生黑褐色的小斑点，使叶部分变成白色、紫色，且易脱落。缺锰：可喷0.1%硫酸锰水溶液2~3次，间隔7天。

12. 硼：硼在植物分生组织的发育和生长中起重要作用。因其不易从衰老组织向活跃生长组织移动，最先见到的缺素症状是顶芽停止生长，继而幼叶死亡。缺硼也限制开花和果实发育。

缺硼植株幼叶变为淡绿，叶基比叶尖失绿更多，基部组织破坏。如果继续生长，叶片偏斜或扭曲。通常叶片死亡，顶端停止生长。

缺硼症状常还表现为叶片变厚、萎蔫或卷叶，叶柄和茎变粗、开裂或水渍状，果实、块茎退色、开裂或腐烂。

硼过剩，则下部叶的叶脉间产生白色到褐色的斑点，逐渐向上部叶发展，最后下部叶的叶缘逐渐变黄白。缺硼：喷500~600倍硼砂水溶液或硼酸水溶液2~3次，每5~7天一次。

三、红干椒测土配方施肥技术

红干椒以氮、磷、钾三要素肥料为主，但要合理施用。偏施氮肥容易造成植株徒长，不利于开花结果。茄果类蔬菜作物，对磷、钾肥要求较多，有利于植株健壮生长和促进开花结果，提高品质。

（一）红干椒生产中存在的问题及施肥原则

红干椒氮肥施用量较大，磷、钾肥施用时期和方式不合理，没有充分发挥磷、钾肥肥效；

有机肥施用量不足；钙肥施用量较少，易引发脐腐病；肥料利用率低等主要问题。在总体施肥上提出以下原则：

1. 依据土壤肥力条件和目标产量，增施有机肥，平衡施用氮、磷、钾肥，主要是调整氮肥用量，增施磷、钾肥。

2. 根据土壤测试结果，注意补施中微量元素，特别是补充钙肥。

3. 提倡肥料穴施，氮肥多次少量施用，磷、钾肥分期施用，适当增加生育中期的磷、钾肥施用比例，提高肥料利用率。

4. 肥料施用应与高产优质栽培技术等管理措施相结合。

（二）红干椒配方施肥建议

1. 产量水平250kg/亩以下：氮肥（N）10～12kg/亩，磷肥（P_2O_5）4～6kg/亩，钾肥（K_2O）4～6kg/亩。

2. 产量水平250～300kg/亩：氮肥（N）11～12kg/亩，磷肥（P_2O_5）5～6kg/亩，钾肥（K_2O）5～7kg/亩。

3. 产量水平300～350kg/亩：氮肥（N）12～14kg/亩，磷肥（P_2O_5）6～7kg/亩，钾肥（K_2O）6～8kg/亩。

4. 产量水平350kg/亩以上：氮肥（N）12～14kg/亩，磷肥（P_2O_5）6～8kg/亩，钾肥（K_2O）8～10kg/亩。

基肥必须施用有机肥，亩有机肥用量2000kg以上，配合施用无机肥。亩施入磷酸二铵15～20kg加硫酸钾10～15kg，或含量40%的红干椒配方肥25～30kg。追肥原则是：应掌握适量充足的原则，每次追肥量不宜过大，切忌大水大肥。红干椒缓苗成活后，轻施提苗肥，一般每亩撒施尿素5～10kg。红干椒第一层花开放后，稳施催花肥，一般每亩施粪肥1000kg，尿素5～8kg，过磷酸钙7～8kg。进入盛果期，是红干椒果实的重要生长阶段，需大量追肥，要重施催果肥。一般每亩施粪肥1500～2000kg、尿素10kg、过磷酸钙25～40kg，施在距植株6～10cm以外处，以免烧根。此时，应根据植株生长情况，适当喷施磷酸二氢钾及腐殖酸类叶面肥，保证叶片功能的持久性。

第四节　荞麦施肥技术

荞麦是通辽市具有明显地区优势的特色作物。荞麦作为喜光作物，对光照的反应较其他禾谷类作物敏感。通辽市6～8月是雨季，降雨量约占年降水量的60%。此时荞麦时值需水量最多的现蕾期至开花期，有利于荞麦的生长发育。通辽市的光、热、水、土资源等自然条件和荞麦的生物学特性比较吻合，所以是发展荞麦生产理想基地。通辽市的荞麦生产主要分布在库伦、奈曼的南部丘陵地区，常年播种面积在3万~4万hm²，主要品种是大三棱、小三棱、温莎等。荞麦具有生育期短，喜光、耐瘠薄、耐干旱、适应性强的鲜明特点，荞麦既有耐旱节水的优良特性，又可作为复种的首选作物。特殊的地理环境和气候特点形成了库伦荞麦独特的品质，"库伦荞麦"2006年获得国家工商局认证的原产地商标，2008年通过原产地地理标志登记，这是通辽市也是内蒙古自治区获得认证注册的农产品首枚原产地证明商标。

一、荞麦的需肥特性

荞麦喜温、喜湿，是短日照作物，吸取磷、钾较多。荞麦蛋白质中含有丰富的赖氨酸成分和铁、锰、锌、镁等微量元素，还含有膳食纤维。荞麦中的某些黄酮成分还具有抗菌、消炎、止咳、平喘、祛痰的作用。因此，荞麦还有"消炎粮食"的美称。另外这些成分还具有降低血糖的功效。中医学认为，荞麦性味甘平，有健脾益气、开胃宽肠、消食化滞的功效。

荞麦虽耐瘠薄，但也需充足的养分，它的特性仅仅是能够有效地利用土壤中的难溶性养分。与其他作物相比，荞麦需要更多的磷、钾和适量的氮。如氮素过多，或氮磷失调，会引起徒长、倒伏和结实率低。氮不足，会影响营养器官的发育。磷不足，会影响籽粒的形成、蜜液分泌量与授粉。钾不足，会降低产量。荞麦对养分的要求，一般以吸取磷、钾较多。施用磷、钾肥对提高荞麦产量有显著效果；氮肥过多，营养生长旺盛，"头重脚轻"，后期容易引起倒伏。荞麦对土壤的选择不太严格，只要气候适宜，任何土壤，包括不适于其他禾谷类作物生长的瘠薄、带碱性或新垦地都可以种植，但以排水良好的沙质土壤为最适合。碱性较重的土壤改良后可以种植。如过迟施用氮肥，会引起营养器官过盛生长，造成贪青徒长，甚至倒伏，限制了生殖器官的生长发育，严重影响结实率和产量。如果施用钾肥，一定不要用含氯的钾盐，因氯能引起叶斑病，从而降低产量。磷、钾肥要在荞麦大量开花前追施，才可及时有效满足荞麦对磷、钾的需求。

二、荞麦的缺素症状

1. 缺氮：老叶黄化、早衰，新叶淡绿。
2. 缺磷：茎叶暗绿，少分蘖，易落果。
3. 缺钾：叶尖及边缘先枯黄、病害多、穗不齐、果实小、早衰。
4. 缺锌：叶小簇生，斑点常在主脉两侧，植株矮小、早熟。

5. 缺镁: 穗少穗小, 果实变色。

6. 缺钙: 叶尖弯钩状粘连, 菜心腐烂病。

7. 缺硼: 茎、叶柄变粗易开裂, 花而不实, 晚熟。

8. 缺硫: 新叶黄化、失绿均匀、开花迟。

9. 缺锰: 脉间失绿, 有细小棕色斑点。

10. 缺铜: 幼叶萎蔫, 出现花白斑, 生长缓慢, 果实小, 穗少。

11. 缺钼: 叶脉间失绿、畸形, 斑点布满叶片。

三、荞麦生产中存在的施肥问题和配方施肥技术

(一) 荞麦施肥存在的问题和施肥原则

荞麦是一种需肥较多的作物, 要获得高产, 必须供给充足的肥料。根据研究, 每生产 100kg荞麦籽粒, 需要从土壤中吸收纯氮2.9~3.5kg, 磷0.7~1kg, 钾2.3~3.5kg, 吸收比例为 1:0.24~0.28:(0.8~1)。荞麦吸收氮、磷、钾的比例和数量与土壤质地、栽培条件、气候特点 及收获时间有关, 但对于干旱瘠薄地和高寒山地, 增施肥料, 特别是增施氮、磷肥是荞麦丰产 的基础。荞麦生长期短, 基肥不可缺。施肥应做到施足基肥, 早施追肥和施磷、钾肥。荞麦的 施肥原则: 基肥为主, 适时追肥为辅; 有机肥为主, 无机肥为辅。荞麦施肥存在的问题是: 荞 麦有机肥施用不足甚至不施用有机肥, 氮肥施用量大, 钾肥基本不施。针对荞麦施肥存在的 主要问题, 在总体施肥上提出以下原则:

1. 增加基施农家肥比例, 以亩施1000~2000kg为宜。

2. 依据土壤肥力条件, 适当调减氮肥用量, 施用钾肥。

(二) 荞麦配方施肥建议

1. 平均亩产量100~150kg/亩左右, 施用氮肥 (N) 5~8kg/亩, 磷肥 (P_2O_5) 4~6kg/亩, 钾肥 (K_2O) 1~3kg/亩。

2. 荞麦亩产量150kg/亩以上, 施用氮肥 (N) 8~12kg/亩, 磷肥 (P_2O_5) 6~8kg/亩, 钾肥 (K_2O) 3~4kg/亩。

随着荞麦科研的发展, 用无机肥料做种肥成为荞麦高产的主要技术措施。常用做种肥的 无机肥料有磷酸二铵、尿素等。磷酸二铵做种肥, 一般可与荞麦种子搅拌混合使用, 尿素做 种肥一般不能与种子直接接触, 否则易 "烧苗", 故用这些化肥做种肥时, 要远离种子。 荞麦 生育阶段不同, 对营养元素的吸收积累也不同。现蕾开花后, 需要大量的营养元素, 此时补充 一定数量的营养元素, 对荞麦茎叶的生长、花蕾的分化发育、籽粒的形成具有重要的意义。追

肥还应视地力和苗情而定：地力差，基肥和种肥不足的，出苗后20~25天，封垄前必须补进追肥；苗情长势健壮的可不追或少追；弱苗应早追苗肥。追肥一般宜用尿素等速效氮肥。无灌溉条件的地方追肥要选择在阴雨天气进行。此外，在有条件的地方，用硼、锰、锌、钼、铜等微量元素肥料做根外追肥，也有增产效果。

充足的优质基肥，是荞麦高产的基础。基肥一般以有机肥为主，配合施用无机肥。基肥是荞麦的主要肥料，一般应占总施肥量的50%~60%。荞麦生产常用的有机肥有粪肥、厩肥和土杂肥。粪肥以人粪尿为主，是一种养分比较完全的有机肥。粪肥是基肥的主要来源，易分解，肥效快，当年增产效果比厩肥、土杂肥好。荞麦田基肥施用有秋施、早春施和播前施。秋施在前作收获后，结合秋深耕施基肥，它可以促进肥料熟化分解，能蓄水，培肥，高产效果最好。科学试验和生产实践表明，结合一些无机肥做基肥，对提高荞麦产量大有好处。目前用做基肥的无机肥有过磷酸钙、钙镁磷肥、磷酸二铵和尿素等。过磷酸钙、钙镁磷肥做基肥最好与有机肥混合沤制后施用。磷酸二铵和尿素做基肥可结合秋深耕或早春耕作时施用，也可在播前深施，以提高肥料利用率。

第五节　小麦施肥技术

小麦也是通辽市种植的主要农作物之一，主要分布在通辽市的霍林郭勒市。近年来，由于小麦的种植效益较差，农民种植小麦的积极性也受到了较大影响，目前年播面积只有1万hm²左右，占总播面积的0.7%。种植的品种有锦麦269、永良12、克旱16等，产量水平为3450~4500kg/hm²。

一、小麦的需肥特征

小麦对氮、磷、钾三要素的吸收量因品种、气候、生产条件、产量水平、土壤和栽培措施不同而有差异。小麦需肥特性根据相关试验研究表明，小麦的产量和土壤的基础产量（不施肥产量）呈极显著的正相关。产量越高，对地力的依赖程度越大。形成产量的氮素来源中有60%~90%靠土壤供给，低肥力土壤可供60%左右，中肥力土壤可供70%左右，高肥力土壤可供80%~90%。形成产量的磷素来源中，低肥力土壤可供55%~60%，中肥力土壤可供70%~90%，高肥力土壤可供90%以上。显然，小麦产量及其养分来源中，在很大程度上依靠土壤的基础肥力。小麦每形成100kg籽粒需从土壤中吸收氮素2.5~3kg、磷（P_2O_5）1~1.7kg、钾素（K_2O）1.5~3.3kg，氮、磷、钾比例为1:0.44:0.93。由于各地气候、土壤栽培措施、品种特性等条件不同，小麦产量也不同，因而对氮、磷、钾的吸收总量和每形成100kg籽粒所需养分的数量、比例也不相同。随着小麦产量的提高，对氮、磷、钾的吸收比例也相应提高。

小麦在不同生育期吸收氮、磷、钾养分的规律基本相似。一般氮的吸收有两个高峰：一是从出苗到拔节阶段，吸收氮量占总吸收量的40%左右；二是拔节到孕穗开花阶段，吸收氮量占总量的30%~40%。

根据小麦不同生育期吸收氮、磷、钾养分的特点，通过施肥措施，协调和满足小麦对养分的需要，是争取小麦高产的一项关键措施。在小麦苗期，初生根细小，吸收养分能力较弱，应有适量的氮素营养和一定的磷、钾肥，促使麦苗早分蘖、早发根，形成壮苗。小麦拔节至孕穗、抽穗期，植株从营养生长过渡到营养生长和生殖生长并进的阶段，是小麦吸收养分最多的时期，也是决定麦穗大小和穗粒数多少的关时期。因此，适期施拔节肥，对增加穗粒数和提高产量有明显的作用。小麦在抽穗至乳熟期，仍应保持良好的氮、磷、钾营养，以延长上部叶片的功能期，提高光合效率，促进光合产物的转化运转，有利于小麦籽粒灌浆、饱满和增重。小麦后期缺肥，可采取根外追肥。

二、小麦的缺素症状与防治方法

1. 缺氮：主要表现植株矮小细弱，分蘖少而弱，叶片窄小直立，叶色淡黄绿色，老叶叶尖干枯，逐步发展为基部叶片枯黄，茎有时呈淡紫色。每亩追施人粪尿700~1000kg或硫铵15~20kg，也可喷施1.5%~2%的尿素溶液2~3次，每次间隔7~10天。或采用配方施肥技术，亩施小麦配方肥20~25kg。

2. 缺磷：叶片暗绿中带紫红色，无光泽，植株细小，分蘖少，次生根极少，茎基部呈紫色。前期生长停滞，出现缩苗。返青期叶尖紫红色，抽穗成熟延迟。缺磷：每亩追施普钙30~50kg，也可喷施1%~2%的普钙澄清液或0.3%的磷酸二氢钾溶液2~3次。

3. 缺钾：主要表现在下部叶片首先出现黄色斑点，从老叶尖端开始，然后沿着叶脉向内延伸，黄斑与健部分界明显，严重时老叶尖端和叶缘焦状，茎秆细弱，根系发育不良，易早衰。缺钾：每亩追施硫酸钾或氯化钾7~10kg或草木灰200kg，也可喷施1%的硫酸钾或氯化钾溶液或0.3%的磷酸二氢钾溶液2~3次。

4. 缺锰：黄苗主要表现为叶片柔软下披，新叶脉间条纹状失绿，由黄绿色到黄色，叶脉仍为绿色；有时叶片呈浅绿色，黄色的条纹扩大成褐色的斑点，叶尖出现焦枯。缺锰：每亩追施硫酸锰1kg或0.1%的硫酸锰叶面喷施2~3次。

5. 缺钼：主要表现为叶片失绿黄化，先从老叶的叶尖开始向叶边缘发展，再由叶缘向内扩散，先是斑点，然后连成线和片，严重者黄化部分变褐色，最后死亡。缺钼：可喷施0.05%的钼酸铵。

6. 缺锌: 主要表现为叶的全部颜色减退, 叶尖停止生长, 叶片失绿, 节间缩短, 植株矮化丛生。缺锌: 每亩追施硫酸锌1kg或喷施0.2%的硫酸锌溶液2~3次。

三、小麦测土配方施肥技术

根据春小麦生育规律和营养特点, 应重施基肥和早施追肥。由于春小麦在早春土壤刚化冻5~7cm时, 顶凌播种, 地温很低, 应特别重施基肥。基肥每亩施用有机肥1500~2000kg, 配合施用化学肥料, 其中磷、钾肥一次施入。并根据地力情况, 也可以在播种时加一些种肥, 由于肥料集中在种子附近, 小麦发芽长根后即可利用。一般每亩施尿素5~8kg。据田间试验、土壤性状、作物营养特征等综合因素, 推荐通辽地区小麦区域大配方N、P_2O_5、K_2O配比为9:23:13, 目标产量为500kg/亩时, 配方肥基肥推荐施肥量为23kg/亩。

春小麦是属于"胎里富"的作物, 发育较早, 多数品种在三叶期就开始生长锥的伸长并进行穗轴分化。因此, 第一次追肥应在三叶期或一心时进行, 并要重施, 大约占追肥量的2/3, 每亩施尿素15~20kg, 主要是提高分蘖成穗率, 促使壮苗早发, 为穗大粒多奠定基础。追肥量的1/3用于拔节期, 此为第二次追肥, 每亩施尿素7~10kg。

第五章　肥料质量鉴别方法

　　肥料是重要的农用物资，在我国国民经济中占有十分重要的地位，农业增产的30%~50%依靠肥料的施用。我国是世界上最大的肥料生产和消费国，目前我国肥料市场品种繁多，假冒伪劣、虚假宣传等坑农害农的事件时有发生。我国肥料的主要消费者是农民，自我保护的手段和意识尚不足，易被误导。因此，造成了许多不应有的损失。为了保护广大农民和合法肥料生产企业的切身利益，稳定和提高土壤肥力，保护土地资源不受污染，必须学会和掌握最基本的假冒伪劣肥料鉴别的基本知识和技术手段。

第一节　假冒伪劣肥料产品的表现

一、故意将复混（合）肥料标识为容易引起混淆的名称

　　个别企业为了追求高额利润，故意隐瞒真相，将实际是复混肥料的产品标称为农民喜欢用的肥料名称。例如，农民习惯上称呼的"二铵"，是磷酸二铵的简称，实际的产品标准中没有"二铵"这个术语。个别厂家将氯化铵和普钙磨碎、混合造粒，将实际为二元复混肥料的产品，在包装袋上印刷成"二铵"，利用备案的企业标准组织生产销售。有的企业将氯化铵和普钙（或是钙镁磷肥、磷矿粉）磨碎、混合造粒，将实际为二元复混肥料的产品，在包装袋上印刷成"涂层尿素"或"长效尿素"或"缓释尿素"。

二、二元肥冒充三元肥销售

　　有些复混肥明明是二元复混肥，但却标明"氮：15，磷：15，铜锌铁锰等：15"，或者N~PK~CI 15~15~15。这种标识给人造成一种三元复混肥的感觉，使作物因缺乏某些养分而造成减产。

三、夸大总养分含量

按照国家肥料标识标准规定，复混肥料中的养分含量是指氮、磷、钾三元素的总含量，中量元素如钙、镁、硫和微量元素都不加以标识。但有些厂家却故意将这些中量元素全部加入总养分中，或在一些有机无机复混肥料中将有机质一并写入总养分中，有些二元肥甚至将氯离子记入总养分，使实际总养分含量只有25%~30%的复混肥通过虚假标识达到40%，甚至50%以上。

四、夸大产品作用

在包装袋上冠以欺骗性的名称，如"全元素"，"多功能"，"抗旱、抗病"等。

五、不正规的肥料标识

有些企业故意在外包装袋上用拼音打印商品名、商标名、企业名称，以此来误导消费者使其认为是进口产品。利用农民崇拜进口复合肥的心态大做文章，打上与欧洲国家相似的国名，如"希腊"、"丹麦"、"挪威"，以及"俄罗斯技术"，或"采用俄罗斯、加拿大原料"等字样误导农民。

第二节　假冒伪劣肥料的主要种类及特征

假冒伪劣肥料的主要种类及特征如下：

一、不符合国家有关标准

有一些肥料，国家已经制定了相关标准，由于一些企业不具备生产这种肥料的条件，为了达到某种目的，就自己制定企业标准，或直接曲解国家制定的相关标准。例如，磷酸二氢钾国家已有行业标准，但有些企业执行的是企业标准。

二、肥料标识不符合要求，夸大宣传效果，误导使用

为了规范肥料包装标识，2001年7月国家发布GB 183822001标准，对肥料的标识作了具体规定。但是市场上有一些肥料不按这一要求去做，在肥料名称的叫法上仍有"××王"、"××宝"等；在养分标注方面，仍有将大量元素养分与中、微量元素养分或有机养分混合一起标注的现象，微量元素养分不以单质元素含量标注而以实物标注的现象；包装上的文字也有不规范的地方，有竖着标的，也有斜着写的，这类产品不按照国家标准标注，就视为不符合国家标准的产品，应作为假冒伪劣产品进行查处。

三、没有取得肥料登记证、冒用登记证或登记证过期

2000年6月，农业部发布了第32号部长令，以部门规章的形式规定了除16种免于登记的肥料外，其他肥料都必须取得农业使用登记证，未经登记的肥料不能在农业上推广使用。由于种种原因，市场上无登记证的肥料品种还不少，一般主要是复混肥、叶面肥等新型肥料。也有登记证过期仍继续生产的，还有的是直接冒用他人的登记证号，或分装的肥料无分装登记证。

四、以非肥料冒充肥料，或以此种肥料冒充他种肥料

例如，用红石子冒充进口钾肥，用煤灰等工业废弃物冒充过磷酸钙，用硫酸镁冒充磷酸二氢钾。

五、过期、失效的肥料

有些肥料产品，如液体肥料、微生物肥料等一般都有有效期，过期、失效都属于假劣肥料。

六、生产的肥料产品与批准登记的内容不符

登记的肥料一般都是新型肥料。在取得登记证之前要进行正规的田间试验和配方评审，经试验和评审确有增产效果后才能批准登记，发给登记证，批准后的登记内容（包括适用土

壤、作物、标签说明、有效含量、配比）是不能随意改变的。一些厂家无视有关规定，擅自改变剂型、含量、标签内容等，都属非法产品。

七、掺杂、掺假

在肥料中掺入外观相近的其他非肥料物质或价格低廉的其他肥料。例如，在硫酸钾中掺入轻质碳酸钙，在磷酸二铵中掺入颗粒硫酸镁等。在肥料产品中，也有很多肥料品种的外观形状相同或相近，但是它们的利用价值和作用却相差甚远。有些人在价格高的肥料中，掺入价格低的肥料，以获取更多的利润。例如，在尿素中掺入硝酸铵，在磷酸二氢钾中掺入结晶硫酸镁。

八、冒用名优标志、认证标志和获奖名称

好的肥料产品，一般都获得过很多荣誉或奖励，如获得优质产品通过认证，获得过科技成果奖、专利等。有一些厂家见别人包装上印有一些荣誉，也就编造一些荣誉印在包装上。

九、计量不足

无论是哪一种肥料，在包装上都注明净质量，净质（重）量不包括包装的质量。有些厂家出厂的产品，将包装的质量也计算在内，这也是假劣肥料的表现形式。

十、有效含量不够

有些肥料厂家在生产过程中，使用了劣质原料，或者是原料配方上、生产工艺上不注重管理，造成生产出来的产品有效成分不足，包装上标的含量高，其实际含量低。常见的这类肥料是过磷酸钙、复合（混）肥、国产小包装钾肥、叶面肥、微量元素肥料等。

十一、无中文标识

在国内销售的肥料产品，应用规范的中文进行标注。有些厂家为了糊弄老百姓，只标外文和拼音，没有中文说明，这样的产品，老百姓认为是进口原装产品，即使看不懂也认为是好肥料。这类肥料也属于假冒伪劣肥料的范畴。

十二、冒用他人注册商标或者是伪造注册商标

一般情况下,在某一个地区都有几个名牌肥料品种,已深得广大农民群众的信赖。但一些见利忘义的不法之徒,利用不合格的原材料生产肥料,想方设法仿冒名牌肥料商标,或者直接使用别人的商标。

第三节　肥料的简易识别方法

一、从肥料外表鉴别真假肥料的方法

看:就是根据肥料的包装、结晶形状或颗粒成形、颜色、光泽等物理性状来比较判断。

摸:就是凭手感,摸肥料的吸湿性、光滑感、流动性等。

烧:就是看肥料的熔融性、燃烧性。

其他:就是从肥料的其他特性进行区别,如水溶性、颜色或味道等等。

(一)氮肥

市场出现最多的是假冒尿素,一般有两种情况:一种是化肥袋下面是碳铵,口上面是尿素,其特点是上面流动性好,下面不流动甚至结块,而且可闻见较强的挥发氨味,可以据此判断这是掺碳铵的假尿素。如果流动性都较好,只是颗粒颜色、粒径大小不一致,则是尿素、硝铵的混合物。另一种情况是整袋成分一致,最难区别的是与尿素颗粒、颜色、溶解性很相似的东西。

1. 外观:尿素、硝铵均为无味的白色颗粒,尿素是半透明颗粒,表面没有反光;而硝铵颗粒表面发亮且有明显反光。

2. 手感:尿素光滑、松散,没有潮湿感觉;硝铵光滑有潮感。

3. 火烧:把三种物质放在烧红的木炭或铁板上,尿素迅速融化,冒白烟,有氨臭味;硝铵发生剧烈燃烧,发出强光、白烟,并有"嗤、嗤"声;多元醇分解燃烧,但没有氨味。根据以上方法就可以鉴别尿素。

(二)磷肥

市场上假冒普钙的主要物品有磷石膏、钙镁磷肥、废水泥渣、砖瓦粉末等。一般可从以下

几个方面进行判断:

1. 外观: 普钙为深灰色或灰白色、浅灰色的疏松粉状物, 有酸味; 磷石膏为灰白色的六角形柱状结晶或晶状粉末, 无酸味; 钙镁磷肥的颜色与普钙相似, 呈灰绿色或灰棕色, 没有酸味呈很干燥的玻璃质细粒或细粉末; 废水泥渣为灰色粉粒, 无光泽, 有较多坚硬状物, 粉碎后粉粒也较粗, 没有酸味; 砖瓦粉末颜色发蓝, 粉粒较粗, 无酸味。

2. 手感: 普钙质地重, 手感发腻但不轻浮; 磷石膏质地轻, 手感发绵比较轻浮; 钙镁磷肥质地重, 手感发绵较干燥; 废水泥渣质地比普钙还重, 手感不发腻、不发绵、不干燥, 有坚硬泥渣存在; 砖瓦粉末沉淀与水固液分明。

3. 其他: 在识别中, 若发现普钙中有土块、石块、煤渣等明显杂质则为劣质普钙; 若发现酸味过浓, 水分较大, 则为未经熟化的不合格的非成品普钙; 如果发现颜色发黑, 手感发涩、发扎, 则为粉煤灰假冒普钙。

(三) 复合肥

市场上出现的情况多是以颗粒普钙冒充硝酸磷肥、重过磷酸钙, 也有用颗粒普钙、硝酸磷肥假冒磷酸二铵的现象。它们之间有着相似的颜色、颗粒和抗压强度, 但养分种类、含量、价格差别很大。颗粒过磷酸钙 P_2O_5 含量 14% ~ 18%; 三料磷肥 (重钙) P_2O_5 含量 42% ~ 46%; 硝酸磷肥含 N25% ~ 27%, 含 P_2O_5 11% ~ 13.5%; 磷酸二铵含 P_2O_5 46% ~ 48%, 含 N16% ~ 18%。

1. 外观: 磷酸二铵 (美国产) 在不受潮的情况下其中心呈黑褐色, 边缘微黄, 呈外缘半透明状、表面略光滑的不规则颗粒; 受潮后颗粒呈深黑褐色, 无黄色和边缘透明感。磷酸二铵湿过水后, 颗粒同受潮颗粒表现一样, 并在表面泛起极少量粉白色。硝酸磷肥透明感不明显, 颗粒表面光滑, 为黑褐色的不规则颗粒。重过磷酸钙粒肥, 为深灰色颗粒。过磷酸钙颗粒颜色要浅些, 呈灰色、浅灰色, 表面光滑程度差些。

2. 水溶性: 硝酸磷肥、磷酸二铵、重过磷酸钙均溶于水, 颗粒过磷酸钙不完全溶于水。

3. 火烧: 磷酸二铵、硝酸磷肥在红木炭上灼烧能很快熔化并放出氨气; 而重过磷酸钙和过磷酸钙没有氨味, 特别是过磷酸钙, 颗粒形状根本没变化。

(四) 复混肥 (作物专用肥)

目前, 市场上多是三元素养分 ≥25% 的复混肥, 多为灰色、黑褐色 (含硝基腐植酸盐) 不规则颗粒。也有含量 45% 的三元复混肥以高岭土为黏结填充料, 呈黄褐色、粉褐色的不规则颗粒。假冒复混肥一般为污泥、垃圾、土、粉煤灰等颗粒物, 一般不含氮素化肥。

1. 外观: 氮素化肥特别是尿素、硝铵含量高的复混肥, 炉温合适, 颗粒表面熔融状态好, 表面比较光滑。假复混肥表面粗糙, 没有光泽, 也看不见尿素、氯化钾残迹。

2. 火烧: 在烧红的铁板或木炭上, 复混肥能熔化, 冒泡冒烟且放出少量氨味, 而且颗粒变形、变小, 氮素越多熔化越快, 浓度越高残留物越少。颗粒磷肥和假冒复混肥则没有变化。烧灼方法可以作为辨别真假复混肥和其浓度高低的主要方法。当然, 最准确还是抽样做定量分析。

最后需要提醒的是有些肥料虽然是真的, 但是含量很低, 如过磷酸钙, 有效磷含量低于8% (最低标准应达12%), 则属于劣质化肥, 对作物肥效不大。如果遇到这种情况, 可采集一些样品 (500克左右), 送到当地有关农业、化工或标准部门进行鉴定。

二、如何从肥料登记证上辨别肥料的合法性

检测肥料的内在质量比较麻烦, 但可以从肥料包装标识上的肥料登记证号判定肥料的合法性。

依据《中华人民共和国农业法》、《肥料登记管理办法》(农业部令第32号) 的有关规定, 我国肥料登记按肥料种类不同分为部级登记和省级登记两种。大量、中量、多种微量元素叶面肥、微生物肥料等由农业部负责审批、登记证发放和公告工作。如微生物肥 (2006) 临字002号, 为农业部2006年办理的生物肥料临时登记证, 登记号为002号的肥料产品, 有效期限为1年。

本省行政区域内生产复混 (合) 肥料、配方肥料 (不含叶面肥)、有机肥料 (即商品有机肥料)、床土调酸剂4类肥料产品, 由各省 (市、直辖区) 农业行政主管部门办理登记手续。如蒙农肥 (2010) 临字0003号, 为内蒙古自治区农牧业厅2006年办理的肥料临时登记证, 登记号为0003号的肥料产品, 有效期限为1年。如蒙农肥 (2015) 准字0012号, 为内蒙古自治区农牧业厅2015年办理的肥料正式登记证, 登记号为0012号的肥料产品, 有效期限为5年。

因此, 从肥料包装标识上所标注的肥料登记证来看, 下列肥料都是违规的。

第一, 登记证超过有效期限的。如2014年以前的临时登记证、2011年以前的正式登记证, 到期没有续展的, 都已经超过了有效期限, 应重新办理续展登记。

第二, 应该由农业部办理登记证的肥料如水溶肥、微生物肥料, 却标注为省农业厅办理的登记证号的。

第三, 精制有机肥未标注肥料登记证的。

第四, 低浓度 (氮磷钾总含量小于40%) 复合 (混) 肥, 未标注肥料登记证的。

第五, 有机—无机复混肥中未标注肥料登记证的。

以上肥料的鉴别方法都是直观的, 仅供参考。更好的方法是经土壤肥料研究单位, 肥料、化工监测部门的化验分析。不同作物、不同土壤上的科学施肥技术, 最好在农业技术推广部门、农业科研单位的指导下进行, 在选用作物专用肥、复混肥、复合肥时要特别慎重。

第六章　肥料登记

为了加强肥料管理,保护生态环境,保障人畜安全,促进农业生产,根据《中华人民共和国农业法》等法律法规,我国的《肥料登记管理办法》2000年6月23日农业部令第32号发布;根据2004年7月1日农业部令第38号发布施行的《农业部关于修订农业行政许可规章和规范性文件的决定》(修正),要求在中华人民共和国境内生产、经营、使用和宣传肥料产品,应当遵守本办法。本办法所称肥料,是指用于提供、保持或改善植物营养和土壤物理、化学性能以及生物活性,能提高农产品产量,或改善农产品品质,或增强植物抗逆性的有机、无机、微生物及其混合物料。国家鼓励研制、生产和使用安全、高效、经济的肥料产品。实行肥料产品登记管理制度,未经登记的肥料产品不得进口、生产、销售和使用,不得进行广告宣传。肥料登记分为临时登记和正式登记两个阶段:

1. 临时登记:经田间试验后,需要进行田间示范试验、试销的肥料产品,生产者应当申请临时登记。

2. 正式登记:经田间示范试验、试销可以作为正式商品流通的肥料产品,生产者应当申请正式登记。

农业部负责全国肥料登记和监督管理工作。省、自治区、直辖市人民政府农业行政主管部门协助农业部做好本行政区域内的肥料登记工作。县级以上地方人民政府农业行政主管部门负责本行政区域内的肥料监督管理工作。

第一节　用语定义

1. 配方肥。是指利用测土配方技术,根据不同作物的营养需要、土壤养分含量及供肥特点,以各种单质化肥为原料,有针对性地添加适量中、微量元素或特定有机肥料,采用掺混或造粒工艺加工而成的,具有很强针对性和地域性的专用肥料。

2. 叶面肥。是指施于植物叶片并能被其吸收利用的肥料。

3. 床土调酸剂。是指在农作物育苗期,用于调节育苗床土酸度(或pH)的制剂。

4. 微生物肥料。是指应用于农业生产中,能够获得特定肥料效应的含有特定微生物活体的制品。这种效应不仅包括了土壤、环境及植物营养元素的供应,还包括了其所产生的代谢产物对植物的有益作用。

5. 有机肥料。是指来源于植物和/或动物,经发酵、腐熟后,施于土壤以提供植物养分为其主要功效的含碳物料。

6. 精制有机肥。是指经工厂化生产的,不含特定肥料效应微生物的,商品化的有机肥料。

7. 复混肥。是指氮、磷、钾三种养分中,至少有两种养分标明量的肥料,由化学方法和/或物理加工制成。

8. 复合肥。是指仅由化学方法制成的复混肥。

第二节　登记申请

凡经工商注册,具有独立法人资格的肥料生产者均可提出肥料登记申请。

1. 肥料生产者申请肥料登记,应按照农业部制定并发布的《肥料登记资料要求》提供产品化学、肥效、安全性、标签等方面资料和有代表性的肥料样品。

2. 农业部负责办理肥料登记受理手续,并审查登记申请资料是否齐全。

境内生产者申请肥料临时登记,其申请登记资料应经其所在地省级农业行政主管部门初审后,向农业部提出申请。

3. 生产者申请肥料临时登记前,须在中国境内进行规范的田间试验。

生产者申请肥料正式登记前,须在中国境内进行规范的田间示范试验。

对有国家标准或行业标准,或肥料登记评审委员会建议经农业部认定的产品类型,可相应减免田间试验和/或田间示范试验。

4. 境内生产者生产的除微生物肥料以外的肥料产品田间试验,由省级以上农业行政主管部门认定的试验单位承担,并出具试验报告;国外以及港、澳、台地区生产者生产的肥料产品田间试验,由农业部认定的试验单位承担,并出具试验报告。

肥料产品田间示范试验,由农业部认定的试验单位承担,并出具试验报告。

省级以上农业行政主管部门在认定试验单位时,应坚持公正的原则,综合考虑农业技术推广、科研、教学试验单位。

经认定的试验单位应接受省级以上农业行政主管部门的监督管理。试验单位对所出具的试验报告的真实性承担法律责任。

5. 有下列情形的肥料产品, 登记申请不予受理:

(1) 没有生产国使用证明 (登记注册) 的国外产品。

(2) 不符合国家产业政策的产品。

(3) 知识产权有争议的产品。

(4) 不符合国家有关安全、卫生、环保等国家或行业标准要求的产品。

6. 对经农田长期使用, 有国家或行业标准的下列产品免予登记:

硫酸铵, 尿素, 硝酸铵, 氰氨化钙, 磷酸铵 (磷酸一铵、二铵), 硝酸磷肥, 过磷酸钙, 氯化钾, 硫酸钾, 硝酸钾, 氯化铵, 碳酸氢铵, 钙镁磷肥, 磷酸二氢钾, 单一微量元素肥, 高浓度复合肥。

第三节 登记审批

1. 农业部负责全国肥料的登记审批、登记证发放和公告工作。

2. 农业部聘请技术专家和管理专家组织成立肥料登记评审委员会, 负责对申请登记肥料产品的化学、肥效和安全性等资料进行综合评审。

3. 农业部根据肥料登记评审委员会的综合评审意见, 在评审结束后20日内作出是否颁发肥料临时登记证或正式登记证的决定。

肥料登记证使用中华人民共和国农业部肥料审批专用章。

4. 农业部对符合下列条件的产品直接审批、发放肥料临时登记证:

(1) 有国家或行业标准, 经检验质量合格的产品。

(2) 经肥料登记评审委员会建议并由农业部认定的产品类型, 申请登记资料齐全, 经检验质量合格的产品。

农业部根据具体情况决定召开肥料登记评审委员会全体会议。

5. 肥料商品名称的命名应规范, 不得有误导作用。

6. 肥料临时登记证有效期为一年。肥料临时登记证有效期满, 需要继续生产、销售该产品的, 应当在有效期满两个月前提出续展登记申请, 符合条件的经农业部批准续展登记。续展有效期为一年。续展临时登记最多不能超过两次。

肥料正式登记证有效期为五年。肥料正式登记证有效期满, 需要继续生产、销售该产品的, 应当在有效期满六个月前提出续展登记申请, 符合条件的经农业部批准续展登记。续展有效期为五年。

登记证有效期满没有提出续展登记申请的, 视为自动撤销登记。登记证有效期满后提出续展登记申请的,应重新办理登记。

7. 经登记的肥料产品,在登记有效期内改变使用范围、商品名称、企业名称的,应申请变更登记;改变成分、剂型的,应重新申请登记。

第四节　登记管理

1. 肥料产品包装应有标签、说明书和产品质量检验合格证。标签和使用说明书应当使用中文,并符合下列要求:

(1)标明产品名称、生产企业名称和地址。

(2)标明肥料登记证号、产品标准号、有效成分名称和含量、净重、生产日期及质量保证期。

(3)标明产品适用作物、适用区域、使用方法和注意事项。

(4)产品名称和推荐适用作物、区域应与登记批准的一致。

禁止擅自修改经过登记批准的标签内容。

2. 取得登记证的肥料产品,在登记有效期内证实对人、畜、作物有害,经肥料登记评审委员会审议,由农业部宣布限制使用或禁止使用。

农业行政主管部门应当按照规定对辖区内的肥料生产、经营和使用单位的肥料进行定期或不定期监督、检查,必要时按照规定抽取样品和索取有关资料,有关单位不得拒绝和隐瞒。对质量不合格的产品,要限期改进。对质量连续不合格的产品,肥料登记证有效期满后不予续展。

3. 肥料登记受理和审批单位及有关人员应为生产者提供的资料和样品保守技术秘密。

4. 有下列情形之一的,由县级以上农业行政主管部门给予警告,并处违法所得3倍以下罚款,但最高不得超过30000元;没有违法所得的,处10000元以下罚款:

(1)生产、销售未取得登记证的肥料产品。

(2)假冒、伪造肥料登记证、登记证号的。

(3)生产、销售的肥料产品有效成分或含量与登记批准的内容不符的。

5. 有下列情形之一的,由县级以上农业行政主管部门给予警告,并处违法所得3倍以下罚款,但最高不得超过20000元;没有违法所得的,处10000元以下罚款:

(1)转让肥料登记证或登记证号的。

(2)登记证有效期满未经批准续展登记而继续生产该肥料产品的。

(3)生产、销售包装上未附标签、标签残缺不清或者擅自修改标签内容的。

6. 肥料登记管理工作人员滥用职权、玩忽职守、徇私舞弊、索贿受贿, 构成犯罪的, 依法追究刑事责任; 尚不构成犯罪的, 依法给予行政处分。

生产者办理肥料登记, 应按规定交纳登记费。

生产者进行田间试验和田间示范试验, 应按规定提供有代表性的试验样品并支付试验费。试验样品须经法定质量检测机构检测确认样品有效成分及其含量与标明值相符, 方可进行试验。

7. 省、自治区、直辖市人民政府农业行政主管部门负责本行政区域内的复混肥、配方肥 (不含叶面肥)、精制有机肥、床土调酸剂的登记审批、登记证发放和公告工作。省、自治区、直辖市人民政府农业行政主管部门不得越权审批登记。

省、自治区、直辖市人民政府农业行政主管部门参照本办法制定有关复混肥、配方肥 (不含叶面肥)、精制有机肥、床土调酸剂的具体登记管理办法, 并报农业部备案。

省、自治区、直辖市人民政府农业行政主管部门可委托所属的土肥机构承担本行政区域内的具体肥料登记工作。

省、自治区、直辖市农业行政主管部门批准登记的复混肥、配方肥 (不含叶面肥)、精制有机肥、床土调酸剂, 只能在本省销售使用。如要在其他省区销售使用的, 须由生产者、销售者向销售使用地省级农业行政主管部门备案。

8. 下列产品适用本办法:

(1) 在生产、积造有机肥料过程中, 添加的用于分解、熟化有机物的生物和化学制剂。

(2) 来源于天然物质, 经物理或生物发酵过程加工提炼的, 具有特定效应的有机或有机无机混合制品, 这种效应不仅包括土壤、环境及植物营养元素的供应, 还包括对植物生长的促进作用。

9. 下列产品不适用本办法:

(1) 肥料和农药的混合物。

(2) 农民自制自用的有机肥料。

10. 本办法所称 "违法所得" 是指违法生产、经营肥料的销售收入。

附录一　常用肥料质量标准指标

尿素质量标准指标

指标名称	肥料等级		
	优等品	一等品	合格品
含氮量（以干基计）（%）	≥46.3	≥46.3	≥46.0
缩二脲含量（%）	≤0.9	≤1.0	≤1.5~1.8
含水量（%）	≤0.5	≤0.5	≤1.0
粒度（Φ0.85~2.80mm）（%）	≥90	≥90	≥90

碳酸氢铵质量标准指标

指标名称	肥料等级	
	一等品	二等品
含氮量（%）	≥17.1	≥16.8
含水量（%）	≤3.5	≤5.0

氯化铵质量标准指标

指标名称	肥料等级		
	优等品	一等品	合格品
含氮量（以干基计）（%）	≥25.4	≥25.0	≥25.0
含水量（%）	≤0.5	≤0.7	≤1.0
含钠量（%）	≤0.8	≤1.0	≤1.4
粒度（Φ1.0~4.0mm）（%）	≥75	—	—
松散度（孔径5.0mm）（%）	≥75	—	—

硫酸铵质量标准指标

指标名称	肥料等级	
	一等品	二等品
含氮量（以干基计）（%）	>21.0	>20.8
含水量（%）	<0.5	<1.0
含游离酸（H_2SO_4）	<0.08	<0.20

硝酸铵质量标准指标

指标名称	肥料等级		
	优等品	一等品	合格品
含氮量（以干基计）（%）	≥34.4	≥34.0	≥34.0
含游离水量（%）	≤0.6	≤1.0	≤1.5
10%硝酸铵水溶液pH	5.0	4.0	4.0

过磷酸钙质量标准指标

指标名称	肥料等级				
	特级品	一等品	二等品	三等品	四等品
含有效五氧化二磷量(%)	≥20	≥18	≥16	≥14	≥12
含游离酸量(%)	≤3.5	≤5.5	≤5.5	≤5.5	≤5.5
含水量(%)	≤8	≤12	≤14	≤14	≤14

注：有效五氧化二磷量为中性柠檬酸铵浸提的磷量。

钙镁磷肥质量标准指标

指标名称	肥料等级				
	特级品	一等品	二等品	三等品	四等品
含五氧化二磷量(%)	≥20	≥18	≥16	≥14	≥12
含水量(%)	≤0.5	≤0.5	≤0.5	≤0.5	≤0.5
细度	80%以上通过0.22mm筛孔				

注：五氧化二磷量为枸溶性磷含量。

硝酸磷肥质量标准指标

指标名称	肥料等级		
	优等品	一等品	合格品
含氮量(%)	≥27	≥26	≥25
含有效五氧化二磷量(%)	≥13.5	≥12.0	≥11.0
水溶性磷占有效磷量(%)	≥70	≥55	≥40
含游离水量(%)	≤0.6	≤1.0	≤1.2
粒度($\Phi1\sim4mm$)(%)	≥95	≥90	≥85
颗粒平均抗压强度(N)	≥50	≥50	≥50

注：①本标准适用于硝酸分解磷矿后加工制得的氮磷比为2：1的氮磷复合肥。②有效五氧化二磷量为中性柠檬酸铵浸提的磷量。

磷酸一铵质量标准指标

指标名称	肥料等级		
	优等品	一等品	合格品
含有效五氧化二磷量(%)	≥52	≥49	≥46
水溶性五氧化二磷量(%)	≥47	≥42	≥40
含氮量(%)	≥11	≥11	≥10
含水量(%)	≤1.0	≤1.5	≤2.0
粒度($\Phi1\sim4mm$)(%)	≥90	≥80	≥80
平均抗压强度(N)	≥35	≥25	≥20

注：有效五氧化二磷量为中性柠檬酸铵浸提的磷量。

磷酸二铵质量标准指标

指标名称	肥料等级		
	优等品	一等品	合格品
含有效五氧化二磷量（%）	46~48	≥42	≥38
水溶性五氧化二磷量（%）	≥42	≥38	≥32
含氮量（%）	16~18	≥15	≥13
含水量（%）	≤1.5	≤2.0	≤2.5
粒度（Φ1~4mm）（%）	≥90	≥80	≥80
平均抗压强度（N）	≥30	≥25	≥20

注：有效五氧化二磷量为中性柠檬酸铵浸提的磷量。

磷酸钾质量标准指标

指标名称	肥料等级		
	优等品	一等品	合格品
含氧化钾量（%）	≥50	≥45	≥33
含氮量（%）	≤1.5	≤2.5	—
含水量（%）	≤1.0	≤3.0	≤5.0
含游离酸（以硫酸计）量（%）	≤0.5	≤3.0	—

注：本指标适用于明矾石还原热法生产的硫酸钾粗盐。

氯化钾质量标准指标

指标名称	肥料等级		
	优等品	一等品	合格品
含氯化钾量（以干基计）（%）	96	93	90
含氧化钾量（%）	58~60	56~58	54~56
含水量（%）	2.0	2.0	2.0

复混肥料质量标准指标

含氮、五氧化二磷、氧化钾总量（%）		≥40	≥30	≥25	≥20
水溶性磷占有效磷量（%）		≥50	≥50	≥40	≥40
含水量（%）		≤2.0	≤2.5	≤5.0	≤5.0
粒度	球状（1.00~4.75mm）（%）	≥90	≥90	≥80	≥80
	条状（2.00~5.60mm）（%）	≥90	≥90	≥80	≥80
颗粒平均抗压碎力	球状（2.00~2.80mm）（N）	≥12	≥10	≥6	≥6
	条状（3.35~5.60mm）（N）	≥12	≥10	≥6	≥6

注：①总养分量除符合表中要求外，组成该复混肥料的单一养分最低含量不得低于4.0%。②以钙镁磷肥为单元肥料，配入氮和钾制成复混肥料可不控制"水溶性磷占有效磷量"的指标，但必须在包装袋上注明养分为枸溶性磷。

附录二 常用化肥的简易鉴别

肥料	外观	在水中溶解性	与碱反应	加氯化钡及醋酸反应	加硝酸银反应	在燃烧的木炭上反应	酸碱性
硝酸铵	白色或微带黄色的结晶,常结块	溶解	有氨味	可形成微浑浊,加醋酸不溶解	微浑浊或有少量沉淀	强烈燃烧,有氨味	弱酸
硫酸铵	白色透明结晶	溶解	有氨味	大量白色沉淀	微浑浊	有白烟,有氨味	弱酸
碳酸氢铵	白色结晶	溶解	有氨味	—	—	有白烟,有氨味	碱性
石灰氮	黑色粉末,有煤油味	基本不溶	—	—	—	基本无变化	碱性
氯化铵	白色结晶	溶解	有氨味	—	白色沉淀	有氨味	弱酸
硝酸钠	白色结晶	溶解	—	可形成微浑浊,加醋酸不溶解	微浑浊或有少量沉淀	强烈燃烧,黄色火焰	中性
硝酸钾	白色结晶	溶解	—	可形成微浑浊	微浑浊	强烈燃烧,紫色火焰	中性
过磷酸钙	淡灰色粉末,有酸味道	部分溶解有残渣	—	显著浑浊,但加醋酸后溶解	淡黄色溶解或沉淀	几无变化,但有酸味	酸性
沉淀磷肥	白色细末	不溶	—	几乎无浑浊	沉淀物上部带黄色	几无变化	—
钢渣磷肥	暗色粉末,相对密度大	不溶	—	—	几小时后沉淀物上部带黄色	—	碱性
钙镁磷肥	灰白色或褐色	不溶	—	—	黄色沉淀	—	碱性
磷矿粉	细粉状,颜色各种各样,相对密度大	不溶	—	—	黄色沉淀	—	中性
骨粉	白色粉末	不溶	—	—	—	很快变黑,有烧骨头的气味	—
磷铵	白色结晶粉末	溶解	有氨味	大量沉淀产生,但加醋酸后溶解	出现黄色溶液和沉淀	迅速熔化,冒泡,有氨味	—
氯化钾	白色结晶或淡红色晶体	溶解	—	无作用或微浑浊	大量的白色絮状沉淀产生	大结晶破裂	中性
硫酸钾	细结晶	溶解	—	大量白色沉淀,不溶于醋酸	有白色沉淀	结晶破裂	中性

附录三　常用化肥允许的含水量及适宜的储存温度、湿度

肥料种类	允许含水量（%）	储存温度（℃）	储存相对湿度（%）
碳酸氢铵	5	15以下	70以下
硫酸铵	0.1~2	15~30	80以下
硝酸铵	1~2.5	0~30	60~70
尿素	1	20以下	80以下
氯化铵	1	0~30	73以下
硫硝酸铵	2	25以下	63以下
硝酸铵钙	1	25以下	45以下
石灰氮	—	0~30	75以下
过磷酸钙	12~14	0~35	70~80
氯化钾	2~6	25以下	80以下
硝酸钾	2	30以下	80以下
硫酸钾	1	15~30	80~85
硝酸钙	2	25以下	43以下

附录四　氮、磷、钾化肥的主要成分及理化性质

化肥	成分	养分及含量（%）	理化性质
碳酸氢铵	NH_4HCO_3	N 17	白色细粒结晶，强烈的刺臭氨味，易溶于水，散落性差，易结成大块，极易分解为NH_3、CO_2、H_2O，易挥发，施入土壤后，形成NH_4^+、HCO_3^-被作物吸收
硫酸铵	$(NH_4)_2SO_4$	N 20~21	白色、粉红色或淡绿色粉末状小晶体，易溶于水，吸湿性较小，施入土壤后分解成NH_4^+、SO_4^{2-}，易挥发，作物吸收NH_4^+后，SO_4^{2-}残留下来，土壤往酸的方向发展。属生理酸性肥料
氯化铵	NH_4Cl	N 24~25	白色、黄色结晶，物理性状较好，易溶于水，施入土壤后形成NH_4^+、Cl^-，NH_4^+被作物吸收，Cl^-留在土壤里
氨水	NH_4OH	N 12~16	易挥发，强烈刺臭的无色液体，碱性（pH10左右）。有强烈的腐蚀性
液氨	NH_3	N 18	沸点低（$-33℃$），具有很高的蒸气压（$22℃$、$7.8×10^5Pa$），常温、常压时呈气体状态
硝酸铵	NH_4NO_3	N 34	白色粉状结晶，白色颗粒，吸湿性强，易结块，助燃体和爆炸性
尿素	$(NH_2)_2CO$	N 46	白色结晶，易溶于水，良好物理性，有机态氮肥，经土壤微生物作用转化成$(NH_2)_2CO_3$能被作物吸收
过磷酸钙	$Ca(H_2PO_4)·2H_2O$ $Ca(H_2PO_4)·2H_2O$ 和$CaSO_4$	P_2O_5 12~20	水溶性磷，灰白色或浅灰色粉末
重过磷酸钙	$CaH_2(PO_4)_2·2H_2O$	P_2O_5 46	水溶性磷，深灰色粉末状或颗粒状
钙镁磷肥	a- $Ca_3(PO_4)_2$	P_2O_5 12~20	柠檬酸溶性磷，有效成分氧化钙、氧化镁、氧化铝都可被作物吸收，灰绿色或灰棕色粉末，pH8.0~8.5，呈碱性，腐蚀性弱，不溶于水，溶于弱酸
沉淀磷酸钙	$CaHPO_4·2H_2O$	P_2O_5 27~40	柠檬酸溶性磷
脱氟磷肥	a- $Ca_3(PO_4)_2$	P_2O_5 14~18	柠檬酸溶性磷，褐色或浅灰色细粉末。微碱性（pH7~7.5），物理性状良好，无腐蚀性
钢渣磷肥	$Ca_4H_2O_9$	P_2O_5 8~14	枸溶性磷肥，溶于2%柠檬酸溶液，呈碱性、腐蚀性，吸湿

续表

化肥	成分	养分及含量（%）	理化性质
磷矿粉	$Ca_{5F}(PO_4)_3$	P_2O_5 20~30	难溶性磷
骨粉	$Ca_3(PO_4)_2$	P_2O_5 22~23	难溶性磷
氯化钾	KCl	K_2O 60	红色或白色结晶，颗粒大，不易吸湿结块，易溶于水，生理酸性肥料
硫酸钾	K_2SO_4	K_2O 50	白色或浅黄色结晶，物理性状良好，易溶于水，吸湿性小，施入土壤后分解成K^+、SO_4^{2-}，K^+被作物吸收，SO_4^{2-}与Ca^{2+}生成硫酸钙沉淀，不会使土壤变酸
硝酸钾肥	KNO_3	K_2O 46 N 13	白色结晶，有吸湿性，易溶于水，为氮钾复合肥，氮钾比为1:3.5
窑灰钾肥		K_2O 8~16	灰色或灰褐色的粉末，吸湿性很强的碱性肥（pH9~11），水溶性钾和枸溶性钾占90%以上
硝酸磷肥	CaH_2PO_4、$NH_4H_2PO_4$、NH_4NO_3	N 20~26 P_2O_5 13~20	氮磷复合肥料，氮磷比≈1:1，有一定吸湿性，多制成颗粒状，适合于机械施肥
磷酸二铵	$(NH_4)_2HPO_4$	N 18 P_2O_5 46	灰白色，有吸湿性，易溶于水，其水溶液pH7~7.2
磷酸二氢钾	KH_2PO_4	P_2O_5 52 K_2O 35	白色结晶，易溶于水，呈酸性反应（pH3~4）

附录五 土壤中微量元素的丰缺指标

元素	丰缺指标（mg/kg）					测定方法
	极低	低	中	丰	高	
硼	<0.1	0.1~0.5	0.5~1.0	1.0~2.0	>2.0	热水浸提
铜	<0.2	0.2~0.5	0.5~1.0	1.0~2.0	>2.0	DTPA浸提
铁	<2.5	2.5~4.5	4.5~10.0	10.0~20.0	>20.0	DTPA浸提
锰	<5.0	5.0~10.0	10.0~20.0	20.0~30.0	>30.0	DTPA浸提
锌	<0.3	0.3~0.5	0.5~1.0	1.0~3.0	>3.0	DTPA浸提

附录六 各种化肥自然吨与标准吨折算表

化肥	有效成分含量（%）	折算	
		自然吨	标准吨
硫酸铵	N 20~21	1	1
氯化铵	24~25	1	1
硝酸铵钙	20~26	1	1
碳酸氢铵	17	1	0.67
硝酸钠	15~16	1	0.67
氨水	16~20	1	0.67
尿素	46	1	2
硝酸铵	34	1	1.65
过磷酸钙	P_2O_5 14~20	1	1
三料过磷酸钙	46~47	1	2
钙镁磷肥	18	1	1
磷酸二铵	N 18，P_2O_5 46	1	3
氮磷钾复合肥	N 15、P_2O_5 15、K_2O 12	1	2
氮磷复合肥	N 20、P_2O_5 20	1	2
硫酸钾	K_2O 50	1	2
氯化钾	K_2O 50~60	1	2

附录七 不同作物形成百千克产量所需营养元素表

作物	氮（N）	磷（P_2O_5）	钾（K_2O）
粮食作物			
水稻	2.1~2.4	0.9~1.3	2.1~3.3
小麦	3.0	1.0~1.5	2.5
玉米	2.5~4.0	1.2~1.4	5.0~6.0
谷子	2.5	1.2	2.0
高粱	2.0	1.3	3.0
马铃薯	0.5	0.2	1.2
经济作物			
大豆	7.20	1.8	4.0
花生	6.3	1.3	3.3
甜菜	0.4	0.15	0.6
大麻	3.0	2.3	5.0
烟草	4.0	0.7	1.2
蔬菜作物			
黄瓜	0.40	0.35	0.55
茄子	0.3	0.1	0.4
番茄	0.45	0.5	0.52
胡萝卜	0.21	0.10	0.5
萝卜	0.60	0.31	0.50
卷心菜	0.41	0.05	0.38
洋葱	0.27	0.11	0.23
芹菜	0.16	0.08	0.42
菠菜	0.3	0.1	0.52
大葱	0.30	0.12	0.40

附录八　常用化学元素的原子量表

元素	符号	原子量	元素	符号	原子量
氮	N	14.006	氧	O	15.999
铝	Al	26.981	钴	Co	58.933
钡	Ba	137.34	硅	Si	28.085
硼	B	10.81	镁	Mg	24.305
溴	Br	79.904	锰	Mn	54.938
钒	V	50.941	铜	Cu	63.546
氢	H	1.007	钾	K	39.098
钨	W	183.85	锶	Sr	87.62
铁	Fe	55.845	钼	Mo	95.94
金	Au	196.966	砷	As	74.921
碘	I	126.904	钠	Na	22.989
钙	Ca	40.078	镍	Ni	58.693
锡	Sn	118.710	磷	P	30.973
铂	Pt	195.09	氟	F	18.998
汞	Hg	200.59	氯	Cl	35.453
铅	Pb	207.2	铬	Cr	51.996
硒	Se	78.96	锌	Zn	65.39
硫	S	32.065	镧	La	138.91
银	Ag	107.868	铈	Ce	140.115
钛	Ti	47.9	镨	Pr	140.907
碳	C	12.0107	钕	Nd	144.24
铀	U	238.029			

参考文献

[1] 农业部种植业管理司, 全国农业技术推广服务中心. 全国耕地地力调查与质量评价试点培训教材.

[2] 内蒙古自治区土壤普查办公室, 内蒙古自治区土壤肥料工作站. 内蒙古土壤. 北京: 科学出版社, 1994.

[3] 内蒙古自治区土壤普查办公室, 内蒙古自治区土壤肥料工作站. 内蒙古土种志. 北京: 科学出版社, 1994.

[4] 内蒙古自治区土壤普查办公室, 内蒙古自治区土壤肥料工作站. 内蒙古土壤资源数据册. 北京: 科学出版社, 1994.

[5] 贾树海, 等. 瓦房店土壤与耕地资源评价. 中国农业出版社, 2009.

[6] 田有国, 辛景树. 耕地地力评价指南 [M]. 北京: 中国农业科学技术出版社, 2006.

[7] 全国农业技术推广服务中心. 中国有机肥料养分志. 北京: 中国农业出版社, 1999.

[8] 中国平衡施肥. 北京: 中国农业出版社, 1999.

[9] 作物分析法委员会编 [日]. 邹邦基, 等译. 植物营养诊断分析测定 [M]. 北京: 农业出版社, 1984.

[10] 高祥照, 等. 施肥模型在我国推荐施肥中的应用 [J]. 植物营养与肥料学报, 1998, 4 (1): 409-413.

[11] 王兴仁, 张福锁. 现代肥料试验设计 [M]. 北京: 中国农业出版社, 1996.

[12] 王兴仁, 等. 施肥模型在我国推荐施肥中的应用 [J]. 植物营养与肥料学报, 1998, 4 (1): 67-74.

[13] 鲍士旦, 等. 土壤农化分析 [M]. 北京: 中国农业出版社, 2000: 44-103, 265-271.

[14] 杨文群. 回归设计及多元分析 [M]. 西安: 天地出版社, 1989: 69-91.

[15] 丁希泉. 农业应用回归设计 [M]. 长春: 吉林科学技术出版社, 1986.

[16] 盖钧镒. 试验统计方法 [M]. 北京: 中国农业出版社, 2000.

[17] 刘克礼. 作物栽培学 [M]. 北京: 中国农业出版社, 2008.

[18] 丁希泉. 农业应用回归设计 〔M〕. 长春: 吉林科技出版社, 1986.

[19] 朱道明. 农业经济学 [M]. 北京: 中国农业出版社, 2001.

[20] 葛海峰, 姚锦秋. 测土配方施肥技术 [M]. 赤峰: 内蒙古科学技术出版社, 2011.

[21] 葛海峰. 通辽市耕地资源评价与施肥 [M]. 北京: 中国农业出版社, 2015.

[22] 范富, 姚锦秋. 玉米营养与施肥 [M]. 赤峰: 内蒙古科学技术出版社, 2011.

[23] 李生秀. 植物营养与肥料学科的现状与展望 [J]. 植物营养与肥料学报, 1999, 5 (3): 193- 205.

[24] 农牧渔业部农业局. 配方施肥技术工作要点 [J]. 土壤肥料, 1987(1): 6–12.

[25] 金耀青. 配方施肥的方法及其功能(对我国配方施肥工作的评述) [J]. 土壤通报, 1989, 20(1): 46–49.

[26] 周鸣铮. 中国的测土施肥 [J]. 土壤, 1987(1): 7–13.

[27] 吕晓男. 施肥模型的发展及其应用 [A]. 中国土壤学会. 迈向21 世纪的土壤科学 (浙江省卷) [C]. 北京: 中国环境科学出版, 1999: 164–166.

[28] 阴小刚, 余增钢, 吴晓芳, 等. 水稻测土配方施肥效果分析 [J]. 江西农业学报, 2006, 18(4): 52–53.

[29] 沈阿林, 宋保谦. 沿黄稻区主要水稻品种的需要规律. 叶色动态与施氮技术研究 [J]. 华北农学报, 2000, 15(4): 134–136.

[30] 刘洋, 王存言. 江苏省睢宁县水稻"3414"肥效试验总结 [J]. 江西农业科学, 2009 (3): 346–347.

[31] 刘茂国. 海城市西四镇水稻"3414"肥效试验研究 [J]. 辽宁农业职业技术学院学报, 2009, 11(3): 17–18.

[32] 王华良, 何小卫. 2008年绩溪县水稻"3414"肥料效应田间试验报告 [J]. 土壤, 2009(2): 320–323.

[33] 王如阳. 东至县水稻"3414"肥料效应田间试验研究 [J]. 上海农业科技, 2009 (2): 47–48.

[34] 陈新平, 张福锁. 通过"3414"试验建立测土配方施肥技术指标体系 [J]. 中国农技推广, 2006(4): 36–39.

[35] 高祥照, 马常宝, 杜森. 测土配方施肥技术 [M]. 北京: 中国农业出版社, 2005: 4–5.

[36] 冯佰利, 姚爱华, 高金峰. 中国荞麦优势区域布局与开发研究 [J]. 中国农学通报, 2005(3): 375–377.

[37] 盛晋华, 张雄杰, 陕方, 等. 内蒙古自治区荞麦生产开发现状与对策 [J]. 作物杂志, 2009(6): 1–5.

[38] 陈庆富. 荞麦属植物科学 [M]. 北京: 科学出版社, 2012.

[39]柴岩, 冯佰利. 中国小杂粮产业发展现状及对策 [J]. 干旱地区农业研究, 2003 (3): 145–151.

[40]赵钢, 唐宇, 王安虎, 等. 中国的荞麦资源及其药用价值 [J]. 中国野生植物资源, 2001, 20 (2): 31–32.

[41]王安虎, 熊梅, 耿选珍, 等. 中国荞麦的开发利用现状与展望 [J]. 作物杂志, 2003 (3): 7–8.

[42]呼瑞梅, 王振国. 内蒙古通辽市荞麦发展现状、优势及应用前景 [J]. 杂粮作物, 2010, 30 (2): 156– 158.

[43]孙占祥, 邹晓锦, 张鑫, 等. 施氮量对玉米产量和氮素利用效率及土壤硝态氮累积的影响 [J]. 玉米科学, 2011, 19 (5): 119–123.

[44]许晶, 赵宏伟, 杜晓东, 等. 氮肥运筹对寒地粳稻氮肥利用率及产量影响的研究 [J]. 作物杂志, 2011 (3): 95–99.

[45]邹春琴, 李振声, 李继云. 施氮量对冬小麦氮素利用和产量的影响 [J]. 麦类作物学报, 2011, 3 (12): 270–275.

[46]段志龙, 王常军, 王金明, 等. 陕北黄土区荞麦高产栽培技术 [J]. 作物杂志, 2008 (3): 101–102.

[47]赵萍, 杨媛, 杨明君, 等. 苦荞麦高产栽培最佳配方研究 [J]. 内蒙古农业科技, 2011 (1): 48.

[48]李静, 肖诗明, 巩发永. 凉山州苦荞高产栽培技术 [J]. 现代农业科技, 2011 (9): 51–53.

[49]张卫中, 姚满生, 阎建宾. 不同肥料配比对荞麦生长发育及产量影响的对比研究 [J]. 杂粮作物, 2008 (1): 52–54.

[50]赵永峰, 穆兰海, 常克勤, 等. 不同栽培密度与N、P、K配比精确施肥对荞麦产量的影响 [J]. 内蒙古农业科技, 2010 (4): 61–62.

[51]穆兰海, 剡宽江, 陈彩锦, 等. 不同密度和施肥水平对苦荞麦产量及其结构的影响 [J]. 现代农业科技, 2012 (1): 63–64.

[52]吕鹏, 张吉旺, 刘伟, 等. 施氮量对超高产夏玉米产量及氮素吸收利用的影响 [J]. 植物营养与肥料学报, 2011, 17 (4): 852–860.

[53]何萍. 高油玉米子粒灌浆期间氮素的吸收与分配 [J]. 植物营养与肥料学报, 2004, 26 (5): 116–125.

[54]张福锁, 王激清, 张卫峰, 等. 中国主要粮食作物肥料利用率现状与提高途径 [J]. 土壤学报, 2008, 45 (5): 915–924.

[55] 王纯枝, 李良涛, 陈健, 刘明强, 宇振荣. 作物产量差研究与展望 [J]. 中国生态农业学报.

[56] 林汝法, 周运宁, 王瑞. 苦荞提取物对大小鼠血糖、血脂的调节 [J]. 华北农学报, 2001, 16 (1).

[57] Wang Qingrui, Takao Oruta, Li Wsnh. Reseach and development of new products from bitter buckwheat [J]. Current Advances in Buckwheat Research, 1995: 873-879.

[58] 西北农林科技大学. 国际荞麦研究最新成果 [J]. 国际学术动态, 2008 (1): 14-16.

[59] 程黔. 近年我国杂粮市场发展状况 [J]. 粮食与油脂, 2008 (8): 33-35.

[60] 林汝法. 中国荞麦 [M]. 北京: 中国农业出版社, 1994: 97-105.

[61] 何萍, 金继运, 李文鹃, 刘海龙, 黄绍文, 王秀芳, 王立春, 谢佳贵. 施钾对高油玉米和普通玉米吸钾特性及子粒和品质的影响 [J]. 植物营养与肥料学报, 2005, 11 (5): 620-626.

[62] 王强盛, 甄若宏, 丁艳锋, 吉志军, 曹卫星, 黄丕生. 钾肥用量对优质粳稻钾素积累利用及稻米品质的影响 [J]. 中国农业科学, 2004, 7 (10): 1444-1450.

[63] 邹春琴, 李振声, 李继云. 钾利用效率不同的小麦品种各生育器官钾营养特点 [J]. 中国农业科学, 2002, 35 (3): 340-344.

[64] 宋桂云, 徐正进, 陈温福, 张文忠, 贺梅, 张喜娟. 田间低钾对不同穗型水稻钾的吸收和利用效率的影响 [J]. 华北农学报, 2006, 21 (6): 89-94.

[65] 李波, 张吉旺, 靳立斌, 崔海岩, 董树亭, 刘鹏, 赵斌. 施钾量对高产夏玉米产量和钾素利用的影响 [J]. 植物营养与肥料学报, 2012, 18 (4): 832-838.

[66] 霍中洋, 葛鑫, 张洪程, 戴其根, 许轲, 龚振恺. 施氮方式对不同专用小麦氮素吸收及氮肥利用率的影响 [J]. 作物学报, 2004, 30 (5): 449-454.

[67] Cerrato M E, Blackmer A M. Comparison of models for describing corn yield response to nitrogen fertilizer [J]. Agron. J., 1990, 82: 138-143.

[68] 王宜伦, 谭金芳, 韩燕来, 苗玉红. 不同施钾量对潮土夏玉米产量、钾素积累及钾肥效率的影响 [J]. 西南农业学报, 2009, 22 (1): 110-113.

[69] 王宜伦, 苗玉红, 谭金芳, 韩燕来, 汪强. 不同施钾量对沙质潮土冬小麦产量、钾效率及土壤钾素平衡的影响 [J]. 土壤通报, 2010, 41 (1): 160-163.

[70] 杨波, 任万军, 杨文钰, 卢庭启, 肖启银. 不同种植方式下钾肥用量对水稻钾素吸收利用及产量的影响 [J]. 杂交水稻, 2008, 23 (5): 60-64.

[71] 李银水, 鲁剑巍, 廖星, 邹娟, 李小坤, 余常兵, 马常宝, 高祥照. 钾肥用量对油菜产量及钾素利用效率的影响 [J]. 中国油料作物学报, 2011, 33 (2): 152-156.

[72]何佳芳,孙芳,孙锐锋,芶久兰,钱晓刚.不同氮钾水平对马铃薯产量及钾素吸收的影响[J].西南农业学报,2012,25(2):562-565.

[73]汪自强,董明远.不同钾水平下春大豆品种的钾利用效率研究[J].大豆科学,1996,3:202-207.

[74]刘桂华,范富,葛海峰,张庆国,侯迷红,何凤艳.有机无机肥料配施对益都椒的产量及红色素的影响[J].内蒙古民族大学学报,2010(6).

[75]姚锦秋,范富,葛海峰,张庆国,侯迷红,何凤艳.施肥对玉米产量构成因素的影响[J].内蒙古民族大学学报,2010(6).

[76]侯迷红,范富,宋桂云,苏雅乐,纪凤辉.钾肥用量对甜荞麦产量和钾素利用效率的影响[J].植物营养与肥料学报,2013,19(2):340-346.

[77]侯迷红,范富,宋桂云,苏雅乐,纪凤辉.氮肥用量对甜荞麦产量和氮素利用效率的影响[J].作物杂志,2013,152(1):102-105.